《电路基础》编委会

主　编　周　洁

副主编　张榆进　　王昱婷

参　编　车　博　　施　佳　　杨　熹　　晋崇英

　　　　　　张　雷　　雷　钧　　陆学聪　　七林农布

　　　　　　蔡宇镭　　尹自永

电路基础

DIANLU JICHU

周洁 主编

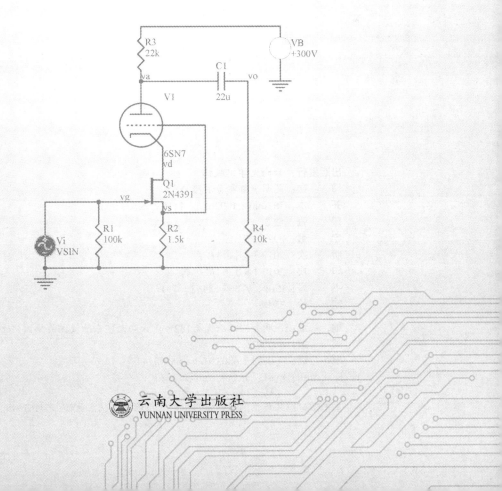

云南大学出版社
YUNNAN UNIVERSITY PRESS

图书在版编目（CIP）数据

电路基础/周洁主编. -- 昆明：云南大学出版社，
2019

理实一体化教材

ISBN 978-7-5482-3731-0

Ⅰ.①电… Ⅱ.①周… Ⅲ.①电路理论—教材 Ⅳ.
①TM13

中国版本图书馆CIP数据核字(2019)第132532号

特约编辑：韩 雪
责任编辑：蔡小旭
策 划：孙吟峰 朱 军

理实一体化教材

电路基础

DIANLU JICHU

周洁 主编

出版发行：云南大学出版社

印 装：昆明理煋印务有限公司

开 本：787mm×1092mm 1/16

印 张：12.5

字 数：298千

版 次：2019年8月第1版

印 次：2019年8月第1次印刷

书 号：ISBN 978-7-5482-3731-0

定 价：55.00元

地 址：昆明市一二一大街182号（云南大学东陆校区英华园内）

邮 编：650091

电 话：（0871）65031071 65033244

E - mail：market@ynup.com

本书若有印装质量问题，请与印厂联系调换，联系电话：64167045。

总　　序

根据《国家职业教育改革实施方案》中对职业教育改革提出的服务 1 + X 的有机衔接，按照职业岗位(群)的能力要求，重构基于职业工作过程的课程体系，及时将新技术、新工艺、新规范纳入课程标准和教学内容，将职业技能等级标准等有关内容融入专业课程教学，遵循育训结合、长短结合、内外结合的要求，提供满足于服务全体社会学习者的技术技能培训要求，我们编写了这套系列教材。将理论和实训合二为一，以"必需"与"够用"为度，将知识点作了较为精密的整合，内容深入浅出，通俗易懂。既有利于教学，也有利于自学。在结构的组织方面大胆打破常规，以工作过程为教学主线，通过设计不同的工程项目，将知识点和技能训练融于各个项目之中，各个项目按照知识点与技能要求循序渐进编排，突出技能的提高，符合职业教育的工学结合，真正突出了职业教育的特色。

本系列教材可作为高职高专学校电气自动化、供用电技术，应用电子技术、电子信息工程技术、机电一体化等相关专业的教材和短期培训的教材，也可供广大工程技术人员学习和参考。

目　　录

项目一　实训仪器的使用介绍及测量误差的计算

任务一　常用实验仪器的使用及练习

【任务描述】

了解实验室安全操作规程及实训设备、仪器的基本使用知识，掌握常用仪器仪表的使用方法。

【知识学习】

一、实验室安全操作规程

为了保证人身与仪器设备安全及实验顺利进行，进入实验室后要遵守实验室的规章制度和实验室安全规则。

1. 人身安全

实验室中常见的、危及人身安全的事故是触电，它是人体有电流通过时产生的强烈的生理反应，轻者使身体局部产生不适，严重的将产生永久性伤害，甚至危及生命。为避免事故的发生，进入实验室后应遵循以下规则：

（1）实验时不允许赤脚或者穿拖鞋，更不允许嬉戏打闹。各种仪器设备应有良好的接地线。

（2）仪器设备、实验装置中通过强电的连接导线应具有良好的绝缘外套，芯线不得外露。

（3）在进行强电或具有一定危险性的实验时，应由两人以上合作进行。测量高压时，通常单手操作并站在绝缘垫上，或穿上厚底胶鞋。在接通交流 220 V 及以上电源前，应通知教师检查电路并告知实验合作者。

（4）万一发生触电事故，应迅速切断电源，如距电源开关较远，可用绝缘器具将电源线切断，使触电者立即脱离电源并采取必要的急救措施。

2. 仪器及器件安全

（1）使用仪器前，应认真阅读使用说明书，掌握仪器的使用方法和注意事项。

（2）使用仪器时，应按照要求正确接线。

（3）实验中要有目的地操作仪器面板上的开关（或旋钮），切忌用力过猛。

（4）实验过程中，精神必须集中。当嗅到焦臭味、见到冒烟和火花、听到"劈啪"响声、感到设备过热及出现保险丝熔断等异常现象时，应立即切断电源，在故障未排除前不得再次开机。

（5）搬动仪器设备时，必须轻拿轻放。未经允许不得随意调换仪器，更不准擅自拆卸仪器设备。

（6）仪器使用完毕，应将面板上各旋钮、开关置于合适的位置，如将万用表功能开关旋至"OFF"位置等。

（7）为保证器件及仪器安全，在连接实验电路时，应该在电路连接完成并检查完毕后，再接电源及信号源。

二、万用表

1. 基本使用知识

万用表有红与黑两只表笔（测棒），表笔可插入万用表的"+"、"−"两个插孔里，注意一定要严格将红表笔插入"+"极性孔里，黑表笔插入"−"极性孔里。测量直流电流、电压等物理量时，必须注意正负极性。根据测量对象，将转换开关旋至所需位置，在被测量大小不详时，应先选用量程较大的高挡试测，如不合适再逐步改用较低的挡位。指针式万用表有数条供测量不同物理量的标尺，读数前一定要根据被测量的种类、性质和所用量程认清所对应的读数标尺，表头指针移动到满刻度的三分之二位置附近为宜。在使用万用表的欧姆挡测量电阻之前，应首先把红、黑表笔短接，调节指针到欧姆标尺的零位上，并要正确选择电阻倍率挡。测量某电阻 R_x 时，一定要使被测电阻不与其他电路有任何接触，也不要用手接触表笔的导电部分，以免影响测量结果。当利用欧姆表内部电池作为测试电源时（如判断二极管或三极管的管脚），要注意到：指针式万用表黑表笔接的是电源正极，红表笔接的是电源负极，而数字式万用表则反之，即黑表笔接的是电源负极，红表笔接的是电源正极。

在测量高电压时务必要注意人身安全，应先将黑表笔固定接在被测电路的地电位上，然后再用红表笔去接触被测点处，操作者一定要站在绝缘良好的地方，并且采用单手操作，以防触电。在测量较高电压或较大电流时，不能在测量时带电转动转换开关旋钮改变量程或挡位。

万用表应水平放置使用，要防止受震动、受潮热，使用前首先看指针是否指在机械零位上，如果不在，应调至零位。每次测量完毕，要将转换开关置于空挡或最高电压挡上。在测量电阻时，如果将两只表笔短接后指针仍调整不到欧姆标尺的零位，则说明应更换万用表内部的电池；长期不使用万用表时，应将电池取出，以防止电池受腐蚀而影响表内其他元件。

2. MF47 型万用表

（1）MF47 型万用表概述

MF47 型万用表是设计新颖的磁电系整流式多量限万用电表。可供测量直流电流、交直流电压、直流电阻等，具有 26 个基本量程和电平、电容、电感、晶体管直流参数等 7 个附加参考量程，是适合于电子仪器、无线电电讯、电工、工厂、实验室等使用使用的便携式万用电表。

（2） MF47 型万用表结构特征

MF47 型万用表如图 1.1.1 所示，其造型大方、设计紧凑、结构牢固、携带方便、零部件均选用优良材料及工艺加工而成，具有良好的电气性能和机械强度，其使用范围可替代一般中型万用电表。

图 1.1.1 MF47 型万用表

①表头。

如图 1.1.2 所示，万用表的表头是灵敏电流计。表头上的表盘印有多种符号、刻度线和数值，符号 A—V—Ω 表示地电表是可以测量电流、电压和电阻的多用表。表盘上印有多条刻度线，其中右端标有"Ω"的是电阻刻度线，其右端为零，左端为∞，刻度值分布是不均匀的。符号中"－"或"DC"表示直流，"～"或"AC"表示交流。刻度线下的几行数字是与选择开关的不同挡位相对应的刻度值。表头上还设有机械零位调整旋钮，用以校正指针指零位。标度盘共有 6 条刻度，第一条专供测量电阻用；第二条供测量交直流电压、直流电流之用；第三条供测量晶体管放大倍数用；第四条供测量电容之用；第五条供测量电感之用；第六条供测量音频电平。标度盘上装有反光镜，用以消除视差。

图 1.1.2 MF47 型万用表表头

②选择开关。

如图 1.1.3 所示，万用表的选择开关是一个多挡位的旋转开关。用来选择测量项目和量程。一般的万用表测量项目包括——"mA"——直流电流，"V"——直流电压，交流电压，"Ω"——电阻。每个测量项目又划分为几个不同的量程以供选择。

图 1.1.3　MF47 型万用表选择开关

③表笔和表笔插孔。

表笔分为红、黑两只，使用时应将红色表笔插入标有"＋"号的插孔，黑色表笔插入标有"－"号的插孔。

④电池。

低电阻挡选用 2 号干电池，高电阻挡选用 9 V 层叠电池，容量大、寿命长。两组电池装于盒内，换电池时只需卸下电池盖板，不必打开表盒。

（3）MF47 型万用表主要技术指标

MF47 型万用表的主要技术指标如表 1.1.1 所示。

表 1.1.1　MF47 型万用表的主要技术指标

	量限范围	灵敏度及电压降	精度	误差表示方法
直流电充	0－0.05 mA－0.5 mA－5 mA－50 mA－500 mA－5 A	0. V	2.5	以上量限的百分数计算
直流电压	0－0.25 V－1 V－2.5－10 V－50 V－250 V－500 V－1000 V－2500 V	20000 Ω/V	2.55	以上量限的百分数计算
交流电压	0－10 V－50 V－250 V（45－65－5000H₂）－500 V－1000 V－2500 V（45－65H₂）	4000 Ω/V	5	以上量限的百分数计算
直流电阻	$R×1$　$R×10$　$R×100$　$R×1k$　$R×10k$	$R×1$ 中心刻度为 $6×5$ Ω	2.5	以标度尺弧长的百分数计算
			10	以上量限的百分数计算
晶体管直流放大倍数	0～300 hFE			
电　感	20～1000 H			
电　容	0.001～0.3 μF			

该表在环境温度 0~40℃，相对湿度 85% 的情况下使用，各项技术性能指标符合国家标准 GB 7676 和国际标准 IEC51 有关条款的规定。

（4）指针万用表的使用方法及注意事项

①在使用前应检查指针是否指在机械零位上，如不指在零位时，可旋转表盖上的调零器使指针指示在零位上，如图 1.1.4 所示。

图 1.1.4　MF47 型万用表机械调零

②将测试笔红黑插头分别插入"＋""－"插座中，如测量交、直流 2500 V 或直流 5 A 时，红插头则应分别插到对应的插座中，并将万用表水平放置。

③欧姆调零。测量电阻时，每换一次挡都必须将欧姆调零，方法是将测试棒两端短接，调整零欧姆调整旋钮，使指针对准欧姆"0"位上（若不能指示欧姆零位，则说明电池电量不足，应更换电池），然后将测试棒跨接于被测电路的两端进行测量。如图 1.1.5 所示。

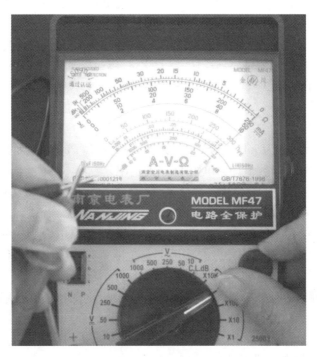

图 1.1.5　MF47 型万用表机械调零

④测未知量的电压或电流时，应先选择最高量程，待等一次读取数值后，方可逐渐转至适当量程以取得较准读数并避免烧坏电路。

⑤测量前，应用测试笔触碰被测试点，同时观看指针的偏转情况。如果指针急剧偏转并超过量程或反偏，应立即抽回测试笔，查明原因，予以改正。

⑥测量高压时，要站在干燥绝缘板上，并单手操作，防止意外事故发生。

⑦测量高压或大电流时，为避免烧坏开关，应在切断电源的情况下，变换量程。

⑧万用表使用后，应拔出表笔，将选择开关旋至"OFF"挡，若无此挡，应旋至交流电压最大量程挡，如1000 V交流挡。

⑨如偶然发生因过载而烧断保险丝时，可打开表盒换上相同型号的保险丝。

⑩应定期检查、更换电阻各挡的电池，以保证测量精度。如长期不用，应取出电池，以防止电液溢出腐蚀而损坏其他零件。

3. 指针万用表的测量方法

(1) 直流电流测量

测量 0.05~500 mA 时，转动开关至所需电流挡。测量 5 A 时，红表笔插头则插到对应的插座中，转动开关可放在 500 mA 直流电流量程上，而后将测试笔串接于被测电路中。

注意：严禁用电流挡去测量电压。

(2) 交直流电压测量

测量交流 10~1000 V 或直流 0.25~1000 V 时，转动开关至所需电压挡。测量交直流 2500 V 时，开关应分别旋至交流 1000 V 或直流 1000 V 位置上，红表笔插头则插到对应的插座中，而后将测试笔跨接于被测电路两端。

注意：测量直流电压时，黑色测试笔应接低电位点，红色测试笔应接高电位点。

(3) 直流电阻测量

①装上电池(R14 型 2 号 1.5 V 及 6F22 型 9 V 各一只)。转动开关至所需测量的电阻挡，将两测试笔短接，调整零欧姆调整旋钮，使指针对准于欧姆"0"位上，然后分别用测试笔进行测量。

②万用表的 Ω 挡分为 ×1、×10、×1k 等几挡位置。刻度盘上的 Ω 刻度只有一行，其中 ×1、×10、×1k 等数值即为电阻 Ω 挡的倍率。

例如：转换开关旋在 1k 位置，测试笔外接一个被测电阻 R_x，这时指针若指着刻度盘上的 30，则 $R_x = 30 \times 1k = 30(k\Omega)$。

③测量电路中的电阻时，应先切断电源。如电路中有电容则应先行放电。严禁在带电线路上测量电阻，因为这样做在实际上是把欧姆表当作电压表使用，极易使电表烧毁。

④每换一个量程，应重新调零。测量电阻时，表头指针越接近欧姆刻度中心读数，测量结果越准确，所以要选择适当的测量限。

(4) 当检查电解电容器漏电电阻时，可转动开关至 $R \times 1k$ 挡，红测试笔必须接电容器负极，黑测试笔接电容器正极。

4. DT9205 数字万用表

如图 1.1.6 所示，DT9205 数字万用表是一种操作方便、读数精确、功能齐全、体积小巧、携带方便、使用电池作电源的手持式大屏幕液晶显示万用表。DT9205 为三位半数字万用表，具有自动校零、自动极性选择、低电池及超量程指示等特性。其具有自动关机功能，开机后约 15 min 自动切断电源，以防止仪表使用完毕忘记关电源。该表可用来测量直流电压/电流、交流电压/电流、电阻、电容、逻辑电平测试、二极管测试、晶体三极管 HFE 测量及电路通断等。可供工程设计、实验室、生产试验、工场事务、野外作业和工业维修等使用。

图 1.1.6　DT9205 数字万用表

DT9205 数字万用表的技术参数如下：

直流电压：200 m—2—20—200—1000 V

交流电压：200 m—2—20—200—750 V

直流电流：2 m—20 m—200 m—10 A

交流电流：2 m—20 m—200 m—10 A

电阻：200—2 kΩ—20 kΩ—200 kΩ—2 M—20 M—200 MΩ

电容测试：2 nf—20 nf—200 nf—2 μF—20 μF

二极管测试：2.8 V/1 mA

晶体三极管测试：Vce≈3 V，1b≈10 μA

尺寸/重量：186×86×33 mm/275 g

在 DT9205 数字万用表使用时，首先请注意检查 9 V 电池，将"ON—OFF"钮按下，如果电池不足，则显示屏左上方会出现一个电池符号，还要注意测试笔插孔旁边的符号，这是警告要留意测试电压和电流不要超过指示数字。此外在使用前要先将量程放置在想测量的挡位上。

在 DT9205 数字万用表使用时需注意：

（1）电压测量

①将黑表笔插入 COM 插孔，红表笔插入 VΩ 插孔。

②在测 DCV 时，将功能开关置于 DCV 量程范围(测 ACV 时则应置于 ACV 量程范围内)。将测试表笔连接到被测负载或信号源上，在显示电压读数的同时会指示出红表笔的极性。

③使用注意事项：

如果不知被测电压范围，则先将功能开关置于最大量程后，视情况降至合适量程；如果只显示"1"，表示超过量程，功能开关应置于更高量程；测 DCV 时不要输入高于 1000 V 的电压(测 ACV 时不要输入高于 750 V 有效电压)。

(2)电流测量

①将黑表笔插入 COM 插孔，当被测电流在 200 mA 以下时红表笔插入 A 插孔；如被测电流为 200 mA ~ 20 A，则将红表笔移至 20 A 插孔。

②将功能开关置于 DCA 或 ACA 量程范围内，测试笔串入被测电路中。

③使用注意事项：

如果被测电流范围可知，应将功能开关置于高挡逐步调低；如果只显示"1"，说明已超过量程，必须调高量程挡级；A 插孔输入时，过载会导致内装保险丝熔断，须及时更换。保险丝规格为 0. 2 A。(外形 Φ5 × 20 mm)；20 A 插孔没有用保险丝，测量时间应小于 15 s。

(3)电阻测量

①将黑表笔插入 COM 插孔，红表笔插入 VΩ 插孔(注意红表笔极性为" + ")。

②将功能开关置于所需 Ω 量程上，将测试笔跨接在被测电阻上。

③使用注意事项：

当输入开路时，会显示过量程状态"1"；如果被测电阻超过所用量程，则会指示出过量程"1"，需用高挡量程。当被测电阻在 1 MΩ 以上时，该表需数秒后方能稳定读数，对于高电阻测量这是正常的；检测在线电阻时，须确认被测电路已关掉电源，同时电容已放完电方可测量；当用 200 MΩ 量程进行测量时需注意：在此量程，两表笔短接时读数为 1.0，这是正常现象，此读数是一个固定的偏移值。如被测电阻为 100 MΩ 时，读数为 101.0，正确的阻值是显示减去 1.0，即 101.0 - 1.0 = 100.0；测量高阻值电阻时应尽可能将电阻直接插入"VΩ"和"COM"插孔中，表笔的长线阻抗在测量时容易感应干扰信号，使读数不稳。

(4)电容测量

测试单个电容器时，把引脚插进位于面板左下方的两个插孔中(插进测试孔之前电容器务必放电尽)；测试大电容时，注意在最后指示之前会存在一个一定的滞后时间；单位：$1 PF = 10^{-6} \mu F$，$1 nF = 10^{-3} \mu F$；不要把一个外部电压或已充好电的电容器(特别是大电容器)连接到测试端。

(5)二极管测量

①将黑表笔插入 COM 插孔，红表笔插入 VΩ 插孔(注意红表笔为内电路" + "极)。

②把功能开关置于"—▷|—挡"，并将测试笔跨接在被测二极管上。

③使用注意事项：

当输入端未接入，即开路时，显示值为"1"；通过被测器件的电流为 1 mA 左右；

本表显示值为正向压降伏特值,当二极管接反时即显示过量程"1"。

(6)晶体三极管 h_{FE} 测量

①把功能开关置于该挡。

②先认定晶体三极管是 PNP 型还是 NPN 型,然后再将被测管 E、B、C 三脚分别插入面板对应的晶体三极管插孔内。

③此表显示的则是 h_{FE} 近似值,测试条件为基极电流 10 μAV,Uce 约为 3 V。

三、低频信号发生器

1. 面板布置

XD1B 低频信号发生器的前后面板布置如图 1.1.7 所示。

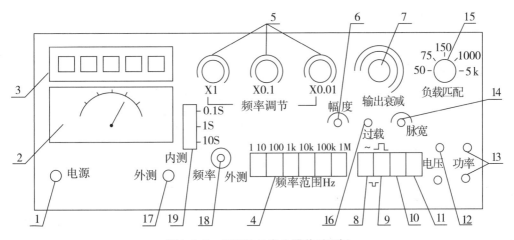

图 1.1.7 低频信号发生器前后面板

2. 面板操作键的说明

1——电源开关;2——电压表表头;3——5 位显示数字频率计;4——频率范围按键选择开关;5——十进制频率调节;6——输出幅度调节电位器;7——输出步进衰减器;8——正弦与脉冲波形选择;9——脉冲输出时正脉冲与负脉冲选择;10——功率输出控制(按下有输出);11——功率输出内负载接入控制(按下有接入);12——电压输出端;13——功率输出端;14——正负脉冲占空比调节;15——负载匹配选择开关;16——过载指示;17——频率计"内测""外测"选择;18——频率计外测输入插口;19——频率计闸门时间选择开关。

3. 使用方法

(1)频率设置

本仪器输出信号的频率(正弦波与脉冲波)均由面板上的按键开关及其上方的波段开关设置,按键开关用来选择频率范围。波段开关按十进制原则确定具体的频率值。频率调节 ×1、×0.1、×0.01,可连续进行频率微调,频率设置精确度满足技术条件规定。为得到更加准确的频率,可参看数字频率计在"内测"时的实际读数。

(2)衰减器的使用及输出阻抗

为得到不同的输出幅度,可以配合调整"幅度调节"电位器和"输出衰减"波段开关。除后面的"TTL 输出"插座上的输出信号外，从面板输出的正弦波或脉冲信号幅度均由这两个衰减旋钮控制。其中"幅度调节"是连续的，"输出衰减"是步进衰减。但应注意，电压输出级输出衰减与功率级输出衰减是同轴调节。

从电压输出端看进去的输出阻抗是不固定的，它随"幅度调节"和"输出衰减"两个旋钮的位置不同而改变，但输出阻抗都比较低，特别是在"输出衰减"波段开关位于较大衰减位置时，输出电阻只有几欧姆。使用时应特别注意不能从被测设备端有任何信号电倒流入该仪器的输出端，以防止把步进衰减器或其他部分烧毁。

从"功率输出"端看进去的输出阻抗，在"输出衰减"为 0 dB 时，为低阻输出。其值远小于"负载匹配"旋钮所指示的值。在"输出衰减"的其余位置，输出阻抗等于"负载匹配"所指示的值。

(3)电压输出与功率输出

输出的正弦波最大额定电压为 5 V，它有较好失真系数和幅度稳定性，主要用于不需功率的小信号场合。输出的正脉冲和负脉冲幅度最大均大于 3.5 V。功率输出是将电压输出信号经功率放大器放大后的信号输出，主要用于需要一定功率输出的场合。有正弦波输出时需根据被测对象通过负载匹配开关可适当选取 5 种不同的匹配值，以求获得合理的电压、电流值。

当使用者只需要电压输出时，要把"功放"按键抬起，以防毁坏功率放大器。

当需要使用功率输出时，需先把幅度调节电位器逆时针旋到底，面板右下方"功放"键按下，然后调节"幅度调节"电位器至功率输出达到所需的电压值。当正弦波输出时的负载为高阻抗时，为避免功放因电抗负载成分过大的影响，应把"内负载"按键按下(尤其在频率较高时)。值得注意的是，当用功率输出脉冲信号时，由于功率放大器的倒相作用，其输出脉冲与所选脉冲相位正好相反，即当选择正极性时，功率输出为负脉冲；选择负极性时，功率输出为正脉冲。而电压输出的脉冲极性则与按键所选相同。

(4)频率计与电压表

面板左上角的数码管显示了机内频率的读数。该频率计可"内测"和"外测"。当置"内测"时，频率计显示机内振荡频率；当置"外测"时，频率计的输入信号从"频率外测"插口输入，为适应不同频率的测试需要，可适当改变"闸门时间"旋钮的位置。

数码管下方的表头指示的是机内电压表的读数，机内电压表只用于机内"电压输出"正弦波测量，它显示出机内正弦波振荡经"幅度调节"衰减后的正弦波信号的有效值，而"输出衰减"的步进衰减对它不起作用。因此，实际"电压输出"端子上正弦波信号的大小等于机内电压表指示值再考虑"输出衰减"的衰减分贝数后计算出的数值。

四、交流毫伏表

常用的单通道晶体管毫伏表外形如图 1.1.8 所示，具有测量交流电压、电平测试、监视输出等三大功能。交流测量范围是 100 nV ～ 300 V、5 Hz ～ 2 MHz，共分 1 mV、3 mV、10 mV、30 mV、100 mV、300 mV，1 V、3 V、10 V、30 V、100 V、300 V 共 12 挡；电平 dB 刻度范围是 −60 ～ +50 dB。

1．工作原理

晶体管毫伏表由输入保护电路、前置放大器、衰减放大器、放大器、表头指示放大电路、整流器、监视输出及电源组成。

输入保护电路用来保护该电路的场效应管。衰减控制器用来控制各档衰减的接通，使仪器在整个量程均能高精度地工作。整流器是将放大了的交流信号进行整流，整流后的直流电流再送到表头。

图1.1.8　交流电伏表

如图1.1.8所示，① 表头，② 调零，③ 挡位选择开关，④ 输入接口，⑤ 输出接口，⑥ 电源开关，⑦ 电源指示灯。

2．使用方法

（1）开机前的准备工作。

①将通道输入端测试探头上的红、黑色鳄鱼夹短接；

②将量程开关选最高量程（300 V）。

（2）操作步骤。

①接通220 V电源，按下电源开关，电源指示灯亮，仪器立刻工作。为了保证仪器稳定性，需预热10秒钟后使用，开机后10秒钟内指针无规则摆动属正常。

②将输入测试探头上的红、黑鳄鱼夹断开后与被测电路并联（红鳄鱼夹接被测电路的正端，黑鳄鱼夹接地端），观察表头指针在刻度盘上所指的位置，若指针在起始点位置基本没动，说明被测电路中的电压甚小，且毫伏表量程选得过高，此时用递减法由高量程向低量程变换，直到表头指针指到满刻度的2/3左右即可。

③准确读数。表头刻度盘上共刻有四条刻度。第一条刻度和第二条刻度为测量交流电压有效值的专用刻度，第三条和第四条为测量分贝值的刻度。当量程开关分别选1mV、10mV、100mV、1 V、10 V、100 V档时，就从第一条刻度读数；当量程开关分别选3mV、30mV、300mV、3 V、30 V、300 V时，应从第二条刻度读数（逢1就从第一条刻度读数，逢3从第二刻度读数）。

例如：将量程开关置"1 V"档，就从第一条刻度读数。若指针指的数字是在第一条刻度的"0.7"处,其实际测量值为 0.7 V;若量程开关置"3 V"挡,就从第二条刻度读数。若指针指在第二条刻度的"2"处,其实际测量值为 2 V。以上举例说明,当量程开关选在哪个挡位,比如,1 V 挡位,此时毫伏表可以测量外电路中电压的范围是 0 ~ 1 V,满刻度的最大值也就是 1 V。

当用该仪表去测量外电路中的电平值时,就从第三、四条刻度读数,读数方法是,量程数加上指针指示值,等于实际测量值。

3. 注意事项

(1)仪器在通电之前,一定要将输入电缆的红黑鳄鱼夹相互短接。防止仪器在通电时因外界干扰信号通过输入电缆进入电路放大后,再进入表头将表针打弯。

(2)当不知被测电路中电压值大小时,必须首先将毫伏表的量程开关置最高量程,然后根据表针所指的范围,采用递减法合理选挡。

(3)若要测量高电压,输入端黑色鳄鱼夹必须接在"地"端。

(4)测量前应短路调零。打开电源开关,将测试线(也称开路电缆)的红黑夹子夹在一起,将量程旋钮旋到 1 mv 量程,指针应指在零位(有的毫伏表可通过面板上的调零电位器进行调零,凡面板无调零电位器的,内部设置的调零电位器已调好)。若指针不指在零位,应检查测试线是否断路或接触不良,应更换测试线。

(5)交流毫伏表灵敏度较高,打开电源后,在较低量程时由于干扰信号(感应信号)的作用,指针会发生偏转,称为自起现象。所以在不测试信号时应将量程旋钮旋到较高量程挡,以防打弯指针。

(6)交流毫伏表只能用来测量正弦交流信号的有效值,若测量非正弦交流信号要经过换算。

(7)注意:不可用万用表的交流电压挡代替交流毫伏表测量交流电压(万用表内阻较低,用于测量 50 Hz 左右的工频电压)。

五、示波器

1. Gos622/623 示波器

示波器是一种观察电信号波形的电子仪器。可测量周期性信号波形的周期或频率、脉冲波的脉冲宽度和前后沿时间、同一信号任意两点间间隔、同频率两正弦信号间的相位差、调幅波的调幅系数等各种电参量。借助传感器还能观察非电参量随时间的变化过程。

根据用途、结构及性能,示波器一般分为通用示波器、多束示波器(或称多线示波器)、取样示波器、记忆与存储示波器、特殊示波器以及近年来才发展起来的虚拟仪器。本节以 Gos622/623 双踪示波器来说明示波器的使用(图 1.1.9)。Gos622/623 是一种双通道示波器,其频率带宽为直流 20 MHz(－3 dB),最大灵敏度为 1 mV/div,最大扫描时间为 20 nsec/div,模型 GOS 623 具有扫描放大功能与 B 扫描功能。示波器采用一个 6 英寸的矩形阴极射线管与红色的内部网。

图 1.1.9　Gas622/623 示波器

Gos622/623 示波器的特点如下：

（1）结构紧凑、质量轻但坚固。示波器是由铝压而成铸的。

（2）优良的可操作性：使用轻扭矩类型的杠杆开关和按钮开关。控制开关放置在最合理的位置，设计者是从使用目的和频率考虑的，从而达到具有良好的可操作性。

（3）速度快：具有较高的速度，即使在 2.2 KV 的高电压下也能显示清晰的痕迹。

（4）低漂移高稳定性：示波器采用新开发的温度补偿电路，从而大大降低了基准线漂移和温度变化引起的直流平衡扰动。

（5）触发电平锁定功能：新的触发电平锁定电路被纳入，这不仅消除了对常规信号的显示，而且对视频信号和大占空比信号的触发调整过程的要求。

（6）电视同步触发：该示波器有一个同步分离器电路电视 V 信号和电视 H 信号的触发，可以自动切换到 TIM/DIV 开关.

（7）线性聚焦：当光束焦点调整到最佳位置时，它会自动保持强度变化。

2. Gos622/623 面板装置图及面板的控制件作用

示波器面板装置如图 1.1.10 所示，示波器面板控制件作用如表 1.1.2 所示。

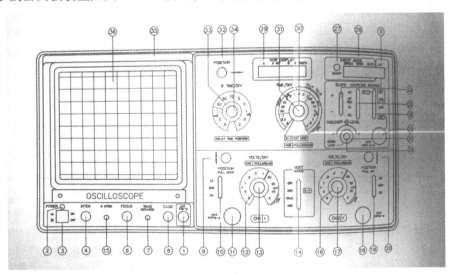

图 1.1.10　CA8020 A 示波器面板装置图

表 1.1.2 示波器面板控制件作用

序号	控制件名称	功能
1	校准信号	提供 0.5 V、1 kHz 的方波信号,用于探极、垂直与水平灵敏度校正
2	电源指示灯	电源接通时灯亮
3	电源开关	开、关电源
4	辉度	调节光迹的亮度
5	ALT	双踪操作时,当 CH1、CH2 信号不同步而显示不稳定时,推入 ALT 按钮,波形可以显示静止
6	聚焦	调节光迹的清晰度
7	跟踪旋转	信号跟踪
8	亮度调节亮度	调节屏幕亮度
9 | 20	垂直位移	调节光迹在屏幕上的垂直位置
10 | 19	耦合方式	选择被测信号输入垂直通道的耦合方式
11	CH1(X)输入	CH1 的垂直输入端
12 | 16	垂直衰减旋钮	调节垂直偏转灵敏度,分为 10 挡
13 | 17	垂直微调旋钮	调节垂直偏转灵敏度,顺时针旋足为校正位置。读信号幅度应为校正位置
14	垂直工作模式	CH1:示波器是单通道仪器,只有 CH1,CH1 输入信号作为内部触发源信号。CH2:示波器是单独使用 CH2 的单通道仪器,CH2 信号作为内部触发源。DUAL:双踪显示。ADD:两通道信号相加
15	定向跟踪亮度	定向跟踪
18	CH2(Y)输入	CH2 的垂直输入端
21	电平	调节被测信号在某一电平触发扫描,当电平旋钮设置在电平锁定位置时,可实现稳定的触发
22	校准位置	向右旋至最大为校准
23	EXT(外)触发输入信号	外触发输入
24	触发极性	选择信号的上升或下降沿触发扫描
25	触发耦合	AC:这个耦合是用于交流触发,是最常用的。当触发信号通过交流耦合电路应用到触发电路时,可以在不受输入信号的直流分量影响的情况下获得稳定的触发。低频截止频率为 10 Hz(3 dB)。DC:当触发信号的直流分量或非常低的频率信号需要显示时,就使用这种模式

续表 1.1.2

序号	控制件名称	功能
26	触发源	CH1：这种内部触发方法最常用。CH2：应用于垂直输入端子的信号从前置放大器分支出来，通过垂直模式开关输入到触发电路。EXT：在外部触发输入端应用外部信号触发扫描。
27	触发指示灯	在触发同步时，指示灯亮
28	扫描模式	AUTO：当没有触发输入信号时，屏幕上有光迹，有信号时，显示稳定波形。NORM：当没有应用触发信号时，屏幕没有显示，有信号时，显示稳定波形。SINGLE：带有触发信号的一次扫描，可通过复位开关复位到准备状态。
29	HOR 显示	霍尔显示
30	水平扫描开关	调节水平扫描速度，分20挡
31	水平微调	连续调节水平扫描速度。顺时针旋足为校正位置
32	水平位移	调节光迹在屏幕上的水平位置
33	延迟扫描时间	延迟扫描时间
34	延迟扫描微调	延迟扫描微调
35	显示屏边框	显示屏边框
36	显示屏	光迹显示屏

3. Gos622/623 基本操作

检查电源是否符合要求 220（1 ± 10%）V，将电源线与交流电源插座连接，将电源线与交流电源插座连接后，按以下步骤进行：

（1）打开电源开关，确保上面的电源指示灯是亮着的。在大约20 s 内，屏幕上会出现一条光迹。

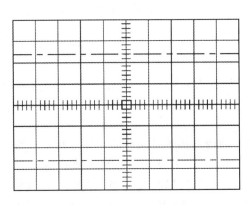

图 1.1.11　校正信号波形

（2）亮度、聚焦、移位旋钮居中，扫描速度置于适当位置且微调为校正位置，垂直灵敏度置于适当位置(微调为校正位置),触发源置内且垂直方式为"CH1",耦合方式置于"AC",触发方式置"自动"。

(3)通电预热,调节亮度、聚焦、光迹旋钮,使光迹清晰并与水平刻度平行(不宜太亮,以免示波管老化)。用探极将校正信号输入至 CH1 输入插座,调节 CH1 移位与 X 移位,使波形与图相符合。将探极换至 CH2 输入插座,垂直方式置于"CH2",重复(3)操作,得到与图 1.1.11 相符合的波形。探极连接时,为减少仪器对被测电路影响,一般使用 10:1 探极,衰减比为 1:1 的探极用于观察小信号,探极上的接地和被测电路地应采用最短连接,在频率较低、测量要求不高的情况下,可用面板上接地端和被测电路地连接,以方便测试。

(4)信号查看时,将垂直扫描开关和水平扫描开关设置于适当的位置,使信号波形以适当的振幅和适当的频率显示出来。调整垂直位移开关和水平位移开关在适当的位置,使所显示的波形与网格对齐,使电压峰峰值(V_{p-p})和周期(t)方便读取。

(5)双通道操作时,将 VERT 模式切换到双状态,以便显示两个信号。在这种情况下,CH1、CH2 的信号都会显示在屏幕上。当双通道操作时,必须通过源开关选择 CH1 或 CH2 信号作为触发源信号。如果 CH1 和 CH2 信号都处于同步关系,两个波形都可以显示为静止;如果不是同步关系,要把 ALT 按钮推入,两个波形都可以显示为静止。

4. 示波器测量阻抗角的方法

元件的阻抗角(即相位差 φ)随输入信号频率的变化而改变,可用实验方法测得阻抗角的频率特性曲线 $\varphi - f$。

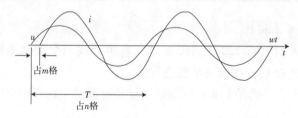

图 1.1.12　示波器测量阻抗角(相位差)

将欲测量相位差的两个信号分别接到双踪示波器 YA 和 YB 两个输入端。调节示波器有关旋钮,使示波器屏幕上出现两条大小适中、稳定的波形,如图 1.1.12 所示。荧光屏上数得水平方向一个周期占 n 格,相位差占 m 格,则实际的相位差

$$\varphi = m \times \frac{360°}{n}$$

5. 测量某一正弦信号的两点间的时间间隔、信号频率、周期和幅度

用 10:1 探极,将信号输入 CH1 或 CH2 插座,耦合方式置"AC",设置垂直方式为被选通道,触发源置(内),水平扫描时间适当,调整电平使波形稳定(如置峰值自动,则无需调节电平),调整扫速(微调置校正)旋钮,使屏幕上显示 1~2 个信号周期,调整垂直、水平移位,使波形便于观察,得到如图 1.1.13 所示的波形。测量两点之间的水平刻度,可计算出两点间的时间间隔。如图 1.1.13 所示,可算得被测信号的同期 T 为:

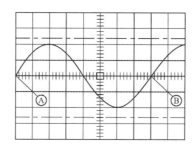

图 1.1.13 被测信号波形图

$$T = \frac{\text{一周期的水平距离(格)} \times \text{扫描时间因素(时间/格)}}{\text{水平扩展倍数}}$$

所测信号频率为 $f = 1/T = 62.5 \text{ kHz}$；垂直偏转灵敏度在校正位置时，被测信号的峰－峰值电压(V_{p-p})为：

$$V_{p-p} = \text{垂直方向的格数} \times \text{垂直偏转因数} \times \text{探头衰减倍数}$$

图示垂直偏转因数为 2 V/div，且为校正位置，用 10:1 探极，峰－峰点在垂直方向占 4 格，则被测信号峰－峰值为 $V_{p-p} = 2 \times 4 \times 10 \text{ V} = 80 \text{ V}$

利用上述方法，还可算出正弦交流信号的峰值、有效值，还可测量脉冲信号的幅度、周期、频率、直流信号的大小(耦合方式置 DC 位置)。

【任务描述】

实训1.1.1 常用电子仪器的使用练习

一、实验目的

(1)学习一体化试验台面板上各旋钮的功用及使用方法。

(2)学习用示波器测量信号电压的幅度、周期(或频率)及相位的基本方法，掌握面板上各旋钮的功用及使用方法。

(3)学习交流毫伏表等设备仪器的使用，为以后的实验做准备。

(4)学习识别各类型的元器件，万用表的使用方法。

注：一体化试验台内容包括：

(1)A 组三相交流电源 380 V/220 V；

(2)B 组低压交流电源 3 V，6 V，9 V，12 V，15 V，18 V，24 V；

(3)C 组直流稳压电源 2 A，0 V～32 V 连续可调；

(4)D 组直流稳压电源 0.5 A，0 V～32 V 连续可调；

(5)E 组直流稳压电源 0.5 A，5 V；

(6)F 组交流调压电源 0.5 A，0～240 V 连续可调；

(7)函数信号发生器：正弦波、方波、三角波，频率 5～550000 Hz 连续可调，输出幅度 5 V(有效值)。

(8)电工电子元器件及导线若干，交流直流电压表、电流表等若干。

（9）电路插接板。

二、实验用设备及仪器

名称	型号及参数	数量	备注
实验台	DFT 一体化实验台	1	
示波器	ST16 A、Gos622/623	各1	
交流毫伏表	XD1B、DF2173B	各1	
万用表	DT9205 数字万用表，MF47 型指针万用表	各1	

三、注意事项

（1）示波器、交流毫伏表需预热 2 ~ 3min，不能频繁开关；

（2）函数信号源输出端不能短接，以免烧毁函数信号源；

（3）函数信号源输出端与示波器、交流毫伏表共地端应连接。

四、实验原理及原理图

在电子电气设备的维修过程中以及工业电子学实验里，最常见的电子仪器有：示波器、函数信号发生器、交流毫伏表、直流电源及万用表，它们的主要用途及相应关系如图 1.1.14 所示。

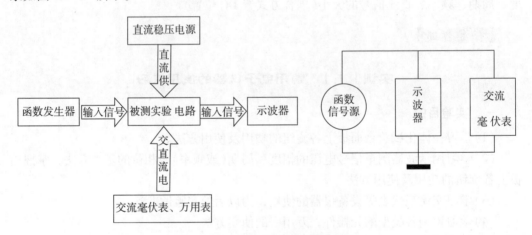

图 1.1.14　设备与仪器连接原理图

为了在实验中能够准确地测量数据，观察实验现象，就必须学会正确地使用这些仪器。这是一项重要的实验技能。

五、实验内容及步骤

1. 实验台的使用练习

在实验台上，有漏电断路器、交直流电源及函数发生器。将漏电断路开关接通，这时三相电源指示灯亮，三相交流电压有输出。合上交直流电源开关，指示灯亮，电源及函数信号源开始工作。调节单相交流调压源开关，转动调压器旋钮，即可调出 0 ~ 240 V 的交流电压。

根据实验要求从函数信号源上调节所需函数信号的频率及信号电压和衰减幅度，0 dB 为直通，20 dB 为 $\frac{1}{10}$ 输出，40 dB 为 $\frac{1}{100}$ 输出（$dB = 20 \lg \frac{U_0}{U_i}$）。

2. 示波器的使用练习

将示波器电源开关接通 1 ~ 2min 后，调节相关旋钮，使荧光屏上出现扫描线，熟悉"辉度""聚焦""X 轴移位""Y 轴移位"等旋钮的作用。

3. 交流毫伏表

交流毫伏表是测量正弦交流信号（有效值）的仪表。它与一般的交流电压表（万用表）相比，具有输入阻抗高、测量范围广的特点，能够测量工频及非工频的交流信号。量程：3 mV ~ 300 V。

注：电压表（万用表）一般只能测量 400 Hz 以下的正弦交流电压。

4. 认识电阻、电位器、电感、电容、变压器及集成电路

5. 示波器的使用

（1）从函数信号源上，调节一个峰峰值电压为 $10V_{p-p}$，频率为 1 kHZ 的交流电压，用示波器观察其电压的正弦波形，调节有关旋钮使波形清晰、稳定。熟悉示波器上"垂直灵敏度"等旋钮的作用。调节"扫描时间因素"旋钮，使荧光屏上显示的波形增加或减少，熟悉"扫描时间因素"、"扫描微调"旋钮的作用。用交流毫伏表测量相应的电压有效值，记录在表 1.1.3 中，检查函数信号源"输出幅度衰减"是否正确。

表 1.1.3　函数信号源幅度衰减

	正弦波信号 1 kHZ ， $10V_{p-p}$		
函数信号源幅度衰减	0 dB 衰减	20 dB 衰减	40 dB 衰减
函数信号源输出有效值（V）			

（2）调节一个峰峰值电压为 $2V_{p-p}$，频率为 1 kHZ 的交流电压，用示波器观察其电压的正弦波形，调节有关旋钮使波形清晰、稳定。将 TIME/DIV（水平扫描速度）及 VOLTS/DIV（垂直灵敏度）旋钮置于合适位置，记录波形在 X 轴方向一个周期（一个完整的正弦波形）所占的格数 nd 及 Y 轴轴方向所占的格数 nh，计算其相应的频率 f 及电压峰峰值 V_{p-p}。记录数据于表 1.1.4 中。

表 1.1.4　标准正弦交流信号的测量

水平扫描速率/（$ms \cdot d^{-1}$）	nd	f/Hz	垂直灵敏度/$V \cdot h^{-1}$	nh	V_{p-p}/V
1			0.5		
0.5			1		
0.2			2		

注：$f = \frac{1}{T}$，$T = nd \times ms \cdot d^{-1}$；$V_{p-p} = nh \times V \cdot h^{-1}$。

（3）从函数信号源上，调节一个电压为 3 V、频率为 1 kHZ 的交流电压（由交流毫伏表量取），用示波器观察其电压的正弦波形，调节有关旋钮使屏幕上显示出大小适中清晰、稳定的正弦波形。记录波形在 X 轴方向一个周期（一个完整的正弦波形）所占的格数 nd 及 Y 轴方向所占的格数 nh，计算其相应的频率 f 及电压峰峰值 V_{p-p}。记录数据于表 1.1.5 中

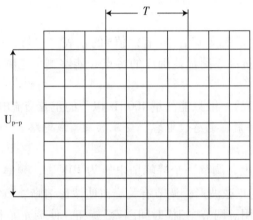

图 1.1.15　正弦交流电压、频率的测量

表 1.1.5　正弦交流电压的测量

信号源	水平扫描速率 $(ms \cdot d^{-1})$	nd	f/Hz	垂直灵敏度 $V \cdot h^{-1}$	nh	V_{p-p}/V	U 有效值计 $/V$
1 kHZ, 3 V							

$$U \text{ 有效值计} = \frac{V_{p-p}}{2} \times \frac{1}{\sqrt{2}}$$

六、实验报告及思考题

（1）完成表 1.1.3、表 1.1.4 及表 1.1.5 的数据。

（2）用交流毫伏表和万用表测量同一个远大于工频的正弦交流电压，哪一个表的测量值可信？为什么？

（3）说明使用示波器观察波形时，为了达到下列要求，应调节哪些旋钮？

①波形清晰且亮度适中。

②波形在荧光屏中央且大小适中。

③波形稳定。

④波形完整。

（4）说明用示波器观察正弦波电压时，若荧光屏上分别出现下图所示的波形，是哪些旋钮的位置不对？应如何调节？

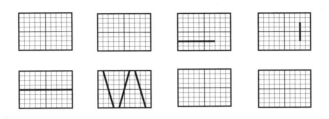

任务二　测量误差简介

【任务描述】

学习电工测量基本知识，掌握仪表误差、准确度等级、数据处理等基本知识。

【知识学习】

一、仪表误差的分类及表示

1. 电子测量中的误差分析

在电子电路实验中，被测量有一个真实值，简称真值，它由理论计算求得。在实际测量该值时，由于受到测量仪器精度、测量方法、环境条件及测量者能力等因素的限制，测量值与真值之间不可避免地存在着差异，这种差异称为测量误差。应了解有关测量误差和测量数据处理的知识，以便在实验中合理地选用测量仪器和测量方法，并对实验数据进行正确的分析、处理，获得符合误差要求的测量结果。

2. 测量误差产生的原因及其分类

根据误差的性质及其产生的原因，测量误差分为三类。

（1）系统误差

在规定的测量条件下，对同一量进行多次测量时，如果误差的数值保持恒定或按某种确定规律变化，则称这种误差为系统误差。例如，电表零点不准，温度、湿度、电源电压等变化造成的误差，便属于系统误差。

（2）偶然误差

在规定的测量条件下对同一量进行多次测量时，如果误差的数值发生不规则的变化，则称这种误差为偶然误差（又称随机误差）。例如，温度改变、外界干扰和测量人员感觉器官无规律的微小变化等引起的误差，便属于偶然误差。

尽管每次测量某个量时，其偶然误差的变化是不规则的，但是实践证明，如果测量的次数足够多，偶然误差平均值的极限就会趋近于零。所以，多次测量某个量后，它的算术平均值就接近于真值。

（3）过失误差

过失误差（又称粗大误差）是指在一定的测量条件下，测量值明显地偏离真值时的误差。从性质上来看，它可能属于系统误差，也可能属于偶然误差，但是它的值一般都明显地超过相同条件下的系统误差和偶然误差，例如，读错刻度、记错数字、计算错误及测量方法不对等引起的误差。通过分析，确认是过失误差的测量数据，应该予以删除。

3. 误差的各种表示方法

（1）绝对误差

如果用 X_0 表示被测量的真值，用 X 表示测量仪器的示值（标称值），则绝对误差 $\Delta X = X - X_0$。若用高一级标准的测量仪器测得的值作为被测量的真值，则在测量前测量仪器应该由该高一级标准的仪器进行校正，校正量常用修正值表示。对于某一个被测量，高一级标准的仪器的示值减去测量仪器的示值所得的值就是修正值。实际上，修正值就是绝对误差，它们仅符号相反。例如，用某电流表测量电流时，电流表的示值为 10 mA，修正值为 +0.04 mA，则被测电流的真值为 10.04 mA。

（2）相对误差

相对误差 γ 是绝对误差与被测真值的比值，用百分数表示，即 $\gamma = (\Delta X / X_0) \times 100\%$。当 $\Delta X \ll X_0$ 时，$\gamma = (\Delta X / X) \times 100\%$。

例如，用频率计测量频率时，频率计的示值为 500 MHz，频率计的修正值为 500 Hz，则 $\gamma = [500/(500 \times 10^6)] \times 100\% = 0.0001\%$

用修正值为 0.5 Hz 的频率计测得频率为 500 Hz 时，$\gamma = [0.5/500] \times 100\% = 0.1\%$

从上述这个例子可以看到，尽管后者的绝对误差远小于前者，但是后者的相对误差却远大于前者，因此，前者的测量准确度实际上比后者的高。

（3）容许误差（又称最大误差）

测量仪器的准确度常用容许误差表示。它是根据技术条件的要求规定的某一类仪器的误差不应超过的最大范围。通常仪器（包括量具）技术说明书所标明的误差都是指容许误差。

在指针式仪表中，容许误差就是满度相对误差，定义为

$$\gamma_n = (\Delta X / X_n) \times 100\%$$

式中，X_n 是表头满刻度读数。指针式仪表的误差主要取决于它本身的结构和制造精度，而与被测量值的大小无关。因此，用上式表示的满度相对误差实际上是绝对误差与一个常数的比值。我国电工仪表的准确度等级有 0.1、0.2、0.5、1.0、1.5、2.5 和 5 共七级。

例如，用一只满度为 150 V、1.5 级的电压表测量电压，其最大绝对误差为 150 V $\times (\pm 1.5\%) = \pm 2.25$ V。若表头的示值为 100 V，则被测电压的真值为 $100 \pm 2.25 = 97.75 \sim 102.25$ V；若示值为 10 V，则被测电压的真值在 $7.75 \sim 12.25$ V。

在无线电测量仪器中，容许误差分为基本误差和附近误差两类。所谓基本误差是指仪器在规定工作条件下，测量范围内出现的最大误差。规定工作条件又称为定标条件，一般包括环境条件（温度、湿度、大气压力、机械振动及冲击等）、电源条件（电源电压、电源频率、直流供电电压及波纹等）、预热时间及工作位置等。

所谓附加误差是指定标条件的一项或几项发生变化时，仪器附加产生的误差。附加误差又分为两类，一类为使用条件（如温度、湿度、电源等）发生变化时产生的误差，一类为被测对象参数（如频率、负载等）发生变化时产生的误差。

　　例如，DA22 型超高频毫伏表的基本误差为 1 mV 挡小于 ±1%，3 mV 挡小于 ±5%；频率附加误差在 5 kHz～500 kHz 时小于 ±5%，在 500 kHz～1 000 kHz 时小于 ±30%；温度附加误差为 10℃增加 ±2%。

二、实验数据的处理方法

1. 有效数字

由于存在误差，因此测量的数据总是近似值，它通常由可靠数字和欠准数字两部分组成。例如，由电压表测得的电压 24.8 V 就是一个近似数，24 是可靠数字，8 为欠准数字，即 24.8 为三位有效数字。对于有效值的表示，应注意如下几点：

（1）有效数字是指从左边第一个非零数字开始，到右边最后一个数字为止的所有数字。例如，测得的频率为 0.0157 MHz，则它是由 1、5、7 三个有效数字组成的频率值，左边的两个零不是有效数字。它可以写成 1.57×10^{-2} MHz，也可写成 15.7 kHz，但不能写成 15 700 Hz。

（2）如果已知误差，则有效值的位数应与误差相一致。例如，仪表误差为 ±0.01 V，测得电压为 12.352 V，其结果应写成 12.35 V。

2. 数字的舍入规则

为使正、负舍入误差的机会大致相等，现已广泛采用"4 舍 6 入 5 成双"的方法，也称"4 舍 6 入 5 凑偶"。就是说小于等于 4 就舍去，大于等于 6 就进位，等于 5 时要根据 5 后面的数字来定，当 5 后面有有效数字时，舍 5 入 1，当 5 后面无有效数字时，分两种情况来取舍：5 前为奇数，舍 5 入 1，5 前为偶数，舍 5 不进（注意：0 是偶数）。

3. 数据运算规则

（1）加减法运算规则

几个准确度不同的数据相加、相减时，按取舍规则，将小数位数较多的数简化为比小数位数最少的数只多一位数字的数，然后计算。计算结果的小数位数取至与原小数位数最少的数相同。

（2）乘除运算规则

两个有效位数不同的数相乘或相除时，将有效数字位数较多的数的位数取为比另一个数多一位，然后进行计算。求得的积或商的有效位数应根据舍入规则保留成与原有效数字位数少的数相同。

为了保证必要的精度，参与乘除法运算的各数及最终运算结果也可以比有效数字位数最少者多一位。

（3）乘（或者开）方运算规则

进行乘（或者开）方运算时，底数（或者被开方数）有几位有效数字，运算结果多保留一位有效数字。

【任务实施】

实训1.2.1　基本电工仪表的使用及测量误差的计算

一、实训目的

(1)熟悉实训台上各类电源及各类测量仪表的布局和使用方法。

(2)掌握指针式电压表、电流表内阻的测量方法。

(3)熟悉电工仪表测量误差的计算方法。

二、原理说明

(1)为了准确地测量电路中实际的电压和电流,必须保证仪表接入电路后不会改变被测电路的工作状态。这就要求电压表的内阻为无穷大、电流表的内阻为零。而实际使用的指针式电工仪表都不能满足上述要求。因此,当测量仪表一旦接入电路,就会改变电路原有的工作状态,这就导致仪表的读数值与电路原有的实际值之间出现误差。这种测量误差值的大小与仪表本身内阻值的大小密切相关。只要测出仪表的内阻,即可计算出由其产生的测量误差。下面介绍几种测量指针式仪表内阻的方法。

(2)用"分流法"测量电流表的内阻如图1.2.1所示。A为被测内阻(R_A)的直流电流表。测量时先断开开关S,调节电流源的输出电流 I 使A表指针满偏转。然后合上开关S,并保持 I 值不变,调节电位器 R_B 的阻值,使电流表的指针指在1/2满偏转位置,此时有 $I_A = I_S = I/2$,由 $I_A X R_A = I_S X R_B /\!/ R_1$ 可知,$R_A = R_B /\!/ R_1$,R_1 为固定电阻器的值,R_B 可由万用表测量读得。

(3)用分压法测量电压表的内阻。如图1.2.2所示。V为被测内阻(R_V)的电压表。测量时先将开关S闭合,调节直流稳压电源的输出电压,使电压表V的指针为满偏转。然后断开开关S,调节 R_B 使电压表V的指示值减半。此时有 $R_V = R_B + R_1$,电压表的灵敏度为 $S = R_V/U$,式中,U 为电压表满偏时的电压值。

(4)仪表内阻引入的测量误差(通常称之为方法误差,而仪表本身结构引起的误差称为仪表基本误差)的计算。

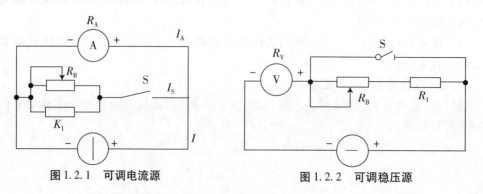

图1.2.1　可调电流源　　　　　　　图1.2.2　可调稳压源

(1)以图1.2.3所示电路为例,R_1 上的电压为 $U_{R1} = \dfrac{R_1 U}{R_1 + R_2}$,现用一内阻为 R_V 的电压表

来测量 U_{R1} 值，当 R_V 与 R_1 并联后，$R_{AB} = \dfrac{R_V R_1}{R_V + R_1}$，以此来替代上式中的 R_1，则得 $U_{R1}^{'} =$

$\dfrac{\dfrac{R_V R_1}{R_V + R_1}}{\dfrac{R_V R_1}{R_V + R_1} + R_2} U$。绝对误差为 $\triangle U = U_{R1}^{'} - U_{R1} = \dfrac{-R_1^2 R_2 U}{R_V(R_1^2 + 2R_1 R_2 + R_2^2) + R_1 R_2 (R_1 + R_2)}$，若 $R_1 =$

$R_2 = R_V$，则得 $\triangle U = -\dfrac{U}{6}$，相对误差 $\triangle U\% = \dfrac{U_{R1}^{'} - U_{R1}}{U_{R1}} \times 100\% = \dfrac{-U/6}{U/2} \times 100\% = -33.3\%$。

由此可见，当电压表的内阻与被测电路的电阻相近时，测得值的误差是非常大的。

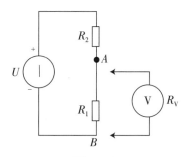

图 1.2.3

（2）伏安法测量电阻的原理为：测出流过被测电阻 R_X 的电流 I_R 及其两端的电压降 U_R，则其阻值 $R_X = U_R / I_R$。图 1.2.4（a）、（b）为伏安法测量电阻的两种电路。设所用电压表和电流表的内阻分别为 $R_V = 20\ \text{k}\Omega$，$R_A = 100\ \Omega$，电源 $U = 20\ \text{V}$，假定 R_X 的实际值为 $10\ \text{k}\Omega$。现在来计算用此两电路测量结果的误差。

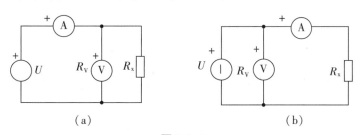

（a）　　　　　　　　　　　（b）

图 1.2.4

$$I_R = \dfrac{U}{R_A + \dfrac{R_V R_X}{R_V + R_X}} = \dfrac{20}{0.1 + \dfrac{10 \times 20}{10 + 20}} = 2.96\ (\text{mA})$$

电路（a）：

$$U_R = I_R \cdot \dfrac{R_V R_X}{R_V + R_X} = 2.96 \times \dfrac{10 \times 20}{10 + 20} = 19.73\ (\text{V})$$

所以，$R_X = \dfrac{U_R}{I_R} = \dfrac{19.73}{2.96} = 6.666\ (\text{k}\Omega)$。相对误差 $\Delta a = \dfrac{R_X - R}{R} = \dfrac{6.666 - 20}{10} \times 100\% =$

-33.4%

电路（b）：

$$I_R = \frac{U}{R_A + R_X} = \frac{20}{0.1 + 10} = 1.98(\text{mA}), \quad U_R = U = 20(\text{V})$$

所以，$R_X = \dfrac{U_R}{I_R} = \dfrac{20}{1.98} = 10.1(\text{k}\Omega)$。相对误差 $\Delta b = \dfrac{10.1 - 10}{10} \times 100\% = 1\%$。

由此例，既可看出仪表内阻对测量结果的影响，也可看出采用正确的测量电路也可获得较满意的结果。

三、实训设备

序号	名称	型号与规格	数量	备注
1	可调直流稳压电源	0 ~ 30 V	1	
2	可调恒流源	0 ~ 200 mA	1	
3	指针式万用表	MF – 47 或其他	1	自备
4	可调电位器	10 kΩ	1	RP6
5	电阻器	按需选择	若干	

四、实训内容

（1）根据分流法原理测定指针式万用表（MF – 47 型或其他型号）直流电流 0.5 mA 和 5 mA 挡量限的内阻。线路如图 1.2.1 所示。R_B 可选用 RP6 电位器模块（下同）。

被测电流 表量限	S 断开时的表 读数/mA	S 闭合时的表 读数/mA	R_B/Ω	R_1/Ω	计算内阻 R_A/Ω
0.5 mA					
5 mA					

（2）根据分压法原理按图 1.2.2 接线，测定指针式万用表直流电压 2.5 V 和 10 V 挡量限的内阻。

被测电压表 量限	S 闭合时表 读数/V	S 断开时表 读数/V	$R_B/\text{k}\Omega$	$R_1/\text{k}\Omega$	计算内阻 $R_V/\text{k}\Omega$	$S/\Omega \cdot V^{-1}$
2.5 V						
10 V						

（3）用指针式万用表直流电压 10 V 挡量程测量图 1.2.3 电路中 R_1 上的电压 U'_{R1} 之值，并计算测量的绝对误差与相对误差。

U	R_2	R_1	$R_{10V}/\text{k}\Omega$	计算值 U_{R1}/V	实测值 U'_{R1}/V	绝对误差 ΔU	相对误差 $(\Delta U/U_{R1}) \times 100\%$
12 V	10 kΩ	50 kΩ					

五、实训注意事项

（1）实训前应认真阅读直流稳压恒流电源的使用说明书，以便在实训中能正确使用。

（2）电压表应与被测电路并联使用，电流表应与被测电路串联使用，并且都要注意极性与量程的合理选择。

（3）本实训仅测试指针式仪表的内阻。由于所选指针表的型号不同，本实训中所列的电流、电压量程及选用的 R_B、R_1 等均会不同。实训时请按选定的表型自行确定。

六、思考题

（1）根据实训内容（1）和（2），若已求出 0.5 mA 挡和 2.5 V 挡的内阻，可否直接计算得出 5 mA 挡和 10 V 挡的内阻？

（2）用量程为 10 A 的电流表测实际值为 8 A 的电流时，实际读数为 8.1 A，求测量的绝对误差和相对误差。

七、实训报告

（1）列表记录实训数据，并计算各被测仪表的内阻值。

（2）计算实训内容（3）的绝对误差与相对误差。

任务三　减小仪表测量误差的方法

【任务描述】

本任务研究减小仪表测量误差的方法。

【知识学习】

如前所述，根据误差的性质及其产生的原因，测量误差分为三类：系统误差与偶然误差。过失误差，其中虽然偶然误差的变化是不规则的，但是实践证明，如果测量的次数足够多，则偶然误差平均值的极限就会趋近于零。所以，多次测量某个量后，在一定程度上可以减小偶然误差，

对于过失误差，从性质上来看，它可能属于系统误差，也可能属于偶然误差，但是它的值一般都明显地超过相同条件下的系统误差和偶然误差，例如读错刻度、记错数字、计算错误及测量方法不对等引起的误差。通过准确、认真细致地读取数据、记录数据、计算数据及修改测量方法等是可以消除也应该消除过失误差的。

对于系统误差，从其产生原因及消除方法可作如下分析：

（1）仪器误差

仪器误差是指由于仪器本身电气或机械等性能不完善所造成的误差。例如，仪器校准不好、定度不准等。消除方法是预先校准或确定其修正值，以便在测量结果中引入适当的补偿值。

（2）装置误差

装置误差是由于测量仪器和其他设备放置不当、使用不正确以及外界环境条件改变所造成的误差。为了消除这类误差，测量仪器的安放必须遵守使用规定（如万用表应水平放置），电表间必须远离，并注意避开过强的外部电磁场等。

（3）人身误差

人身误差是测量者个人特点所引起的误差。例如，有人读指示刻度习惯超过或欠少，回路总不能调到真正谐振点上等。为了消除这类误差，应提高测量者的测量技能、改变不正确的测量习惯、改进测量方法等。

（4）方法误差或理论误差

这是一种由于测量方法所依据的理论不够严格或采用不恰当的简化和近似公式等引起的误差。例如，用伏安法测量电阻时，若直接将电压表的显示值和电流表的显示值之比作为测量的结果，而不计电表本身内阻的影响，则往往引起不能容许的误差。

系统误差按其表现特性还可分为固定的和变化的两类。在一定条件下，若多次重复测量时测出的误差是固定的，则称为固定误差；若测出的误差是变化的，则称为变化误差。对于固定误差，可用一些专门的测量方法加以抵消，常用的是替代法和正负误差抵消法。

（1）替代法。

在测量时，先对被测量进行测量，记取测量数据。然后用一个已知标准量代替被测量，观察已知标准量改变的数值。由于两者的测量条件相同，因此可以消除包括仪器内部结构、各种外界因素和装置不完善等所引起的系统误差。

（2）正负误差抵消法。

在相反的两种情况下分别进行测量，使两次测量所产生的误差等值而异号，然后取两次测量结果的平均值。例如，在有外磁场影响的场合测量电流值，可先测一次，然后把电流表转动180°再测一次，取两次测量数据的平均值，就可抵消因外磁场影响而引起的误差。

【任务实施】

实训 1.3.1 减小仪表测量误差的方法

一、实训目的

（1）进一步了解电压表、电流表的内阻在测量过程中产生的误差及其分析方法。

（2）掌握减小因仪表内阻所引起的测量误差的方法。

二、原理说明

减小因仪表内阻而产生的测量误差的方法有以下两种：

1. 不同量限两次测量计算法

当电压表的灵敏度不够高或电流表的内阻太大时，可利用多量限仪表对同一被测量用不同量限进行两次测量，用所得读数经计算后可得到较准确的结果。如图1.3.1

所示电路，欲测量具有较大内阻 R_0 的电动势 U_S 的开路电压 U_0 时，如果所用电压表的内阻 R_v 与 R_0 相差不大时，将会产生很大的测量误差。

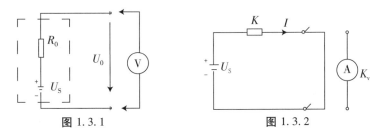

图 1.3.1　　　　　　　　　图 1.3.2

设电压表有两挡量限，U_1、U_2 分别为在这两个不同量限下测得的电压值，令 R_{v1} 和 R_{v2} 分别为这两个相应量限的内阻，则由图 1.3.1 可得出

$$U_1 = \frac{R_{V1}}{R_0 + R_{V1}} \times U_S$$

$$U_2 = \frac{R_{V2}}{R_0 + R_{V2}} \times U_S$$

由以上两式可解得 U_S 和 R_0。其中 U_S（即 U_o）为：

$$U_S = \frac{U_1 U_2 (R_{V2} - R_{V1})}{U_1 R_{V2} - U_2 R_{V1}}$$

由上式可知，当电源内阻 R_0 与电压表的内阻 R_v 相差不大时，通过上述的两次测量，即可计算出开路电压 U_0 的大小，且其准确度要比单次测量好得多。

对于电流表，当其内阻较大时，也可用类似的方法测得较准确的结果。如图 1.3.2 所示电路，不接入电流表时的电流为 $I = \dfrac{U_S}{R}$。接入内阻为 R_A 的电流表 A 时，电路中的电流变为 $I' = \dfrac{U_S}{R + R_A}$，如果 $R_A = R$，则 $I' = I/2$，出现很大的误差。

如果用有不同内阻 R_{A1}、R_{A2} 的两挡量限的电流表作两次测量并经简单的计算就可得到较准确的电流值。按图 2 – 2 电路，两次测量得

$$I_1 = \frac{U_S}{R + R_{A1}}$$

$$I_2 = \frac{U_S}{R + R_{A2}}$$

由以上两式可解得 U_S 和 R，进而可得：

$$I = \frac{U_S}{R} = \frac{I_1 I_2 (R_{A1} - R_{A2})}{I_1 R_{A1} - I_2 R_{A2}}$$

2. 同一量限两次测量计算法

如果电压表（或电流表）只有一挡量限，且电压表的内阻较小（或电流表的内阻较大）时，可用同一量限两次测量法减小测量误差。其中，第一次测量与一般的测量并无两样。第二次测量时必须在电路中串入一个已知阻值的附加电阻。

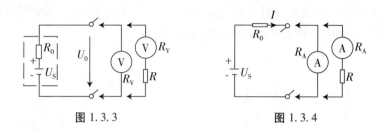

图 1.3.3　　　　　　　　　　　图 1.3.4

（1）电压测量——测量如图 1.3.3 所示电路的开路电压 U_0。

设电压表的内阻为 R_v。第一次测量，电压表的读数为 U_1。第二次测量时应与电压表串接一个已知阻值的电阻器 R，电压表读数为 U_2。由图 1.3.3 可知：

$$U_1 = \frac{R_V U_S}{R_0 + R_V}$$

$U_2 = \dfrac{R_V U_S}{R_0 + R + R_V}$。由此两式可解得 E 和 R_0，则 U_S（即 U_0）为：

$$U_S = U_0 = \frac{R U_1 U_2}{R_V (U_1 - U_2)}。$$

（2）电流测量——测量如图 1.3.4 所示电路的电流 I。

设电流表的内阻为 R_A。第一次测量电流表的读数为 I_1。第二次测量时应与电流表串接一个已知阻值的电阻器 R，电流表读数为 I_2。由图可知：

$$I_1 = \frac{U_S}{R + R_A}$$

$$I_2 = \frac{U_S}{R + R_A + R}$$

由以上两式可解得 U_S 和 R_0，从而可得：

$$I = \frac{U_S}{R} = \frac{I_1 I_2 R}{I_1 (R_A + R) - I_1 R_A}$$

由以上分析可知，当所用仪表的内阻与被测线路的电阻相差不大时，采用多量限仪表，不同量限两次测量法或单量限仪表两次测量法，通过计算就可得到比单次测量准确得多的结果。

三、实训设备

序号	名称	型号与规格	数量	备注
1	直流稳压电源	0~30 V	1	
2	指针式万用表	MF-47 或其他	1	自备
3	直流毫安表	0~2000 mA	1	
4	可调电位器	10 kΩ	1	RP_6
5	电阻器	10 kΩ	1	R_{06}
6	电阻器	300	1	R_{10}
7	电阻器	30	1	R_{25}
8	电阻器	50 kΩ	1	R_{26}

四、实训内容

1. 双量限电压表两次测量法

按图 1.3.3 所示电路，实训中利用实训台上的一路直流稳压电源，取 $U_S = 2.5$ V，R_0 选用 50 kΩ（取自 R_{26}）。用指针式万用表的直流电压 2.5 V 和 10 V 两挡量限进行两次测量，最后算出开路电压值 U_0'。

万用表 电压量限/ V	内阻值/ kΩ	两个量限的 测量值 U/V	电路计算值 U_0/V	两次测量 计算值 U_0'/V	U 的相对 误差值/ %	U_0' 的相对 误差/ %
2.5						
10						

$R_{2.5\,V}$ 和 $R_{10\,V}$ 参照实训一的结果。

2. 单量限电压表两次测量法

实训线路同 1。先用上述万用表直流电压 2.5 V 量限挡直接测量，测得 U_1。然后串接 $R = 10$ kΩ（R_6）的附加电阻器再一次测量，得 U_2。计算开路电压 U_0'。

实际计算值 U_0/V	两次测量值		测量计算值 U_0'/V	U_1 的相对 误差/%	U_0' 的相对 误差/%
	U_1/V	U_2/V			

3. 双量限电流表两次测量法

按图 1.3.2 所示线路进行实训，$U_S = 0.3$ V，$R = 300$ Ω（取自 R_{10}），用万用表 0.5 mA 和 5 mA 两挡电流量限进行两次测量，计算出电路的电流值 I'。

万用表 电流量限	内阻值 /Ω	两个量限的 测量值 I_1/mA	电路计算值 I/mA	两次测量 计算值 I'/mA	I_1 的 相对误差/ %	I' 的相对 误差/%
0.5 mA						
5 mA						

$R_{0.5\,mA}$ 和 $R_{5\,mA}$ 参照实训一的结果。

4. 单量限电流表两次测量法

实训线路同 3。先用万用表 0.5 mA 电流量限直接测量，测得 I_1。再串联附加电阻

$R = 30\ \Omega\,(R_{25})$ 进行第二次测量，测得 I_2。求出电路中的实际电流值 I'。

实际计算值 U_0/V	两次测量值		测量计算值 U_0'/V	U_1 的相对误差/%	U_0' 的相对误差/%
	U_1/V	U_2/V			

五、实训注意事项

（1）采用不同量限进行两次测量法时，应选用相邻的两个量限，且被测值应接近于低量限的满偏值。否则，当用高量限测量较低的被测值时，测量误差会较大。

（2）在实训内容 3 和 4 中，电路电流的计算值为 $\dfrac{0.3\ \mathrm{V}}{300\ \Omega} = 1\ \mathrm{mA}$，却用万用表 $0.5\ \mathrm{mA}$ 挡去测量该电流，这纯为实训所需。因为在实训中，已知万用表 $0.5\ \mathrm{mA}$ 挡的内阻 $> 300\ \Omega$，接入电路后总电流 $< 0.5\ \mathrm{mA}$，故可如此使用。在实际工程测量中，一般应先用最高量程挡去测量被测值，粗知被测值后再选用合适的挡位进行准确测量。

（3）实训中所用的 MF-47 型万用表属于较精确的仪表。在大多数情况下，直接测量误差不会太大。只有当被测电压源的内阻 $> 1/5$ 电压表内阻或者被测电流源内阻 < 5 倍电流表内阻时，采用本实训的测量、计算法才能得到较满意的结果。

【习题一】

1. 1. 简述实验室安全操作规程。

1. 2. 简述仪表误差的分类及表示。

1. 3. 简述测量误差分类及产生的原因。

1. 4. 简述误差的表示方法。

1. 5. 简述有效数字及其运算规则。

1. 6. 简述减小仪表测量误差的方法。

1. 7. 用指针式万用表检测电容器，若电容器正常，万用表指针如何变化？若出现异常显示又分别代表了什么？

1. 8. 测量方式分哪几类？

1. 9. 测量电阻可以用万用表、单臂电桥、双臂电桥、兆欧表或伏安法等方法，如果要测量以下电阻，请选择一种最适用的仪器（双臂电桥、兆欧表、单臂电桥、万用表）。

（1）测量异步电动机的绕组电阻　　　　　　　　　　　　　（　　　）

（2）测量变压器两绕组间的绝缘漏电阻　　　　　　　　　　（　　　）

（3）测量某电桥桥壁的变准电阻　　　　　　　　　　　　　（　　　）

（4）测量一般电子电路上使用的碳膜电阻　　　　　　　　　（　　　）

（5）测量照明电灯通电时和断电时的钨丝电阻　　　　　　　（　　　）

1. 10. 用万用表测量实际值为 220 V 的电压，若测量中该表最大可能有 ±5% 相对误差, 则可能出现的读数最大值为多少? 若测出值为 230 V, 则该读数的相对误差和绝对误差为多大?

1.11. 欲测一 250 V 的电压, 要求测量的相对误差不要超过 ±0.5%, 如果选用量程为 250 V 的电压表, 那么其准确度等级应选哪一级? 如果选用量程为 300 V 和 500 V 的电压表, 则其准确度等级又应选用哪一级?

1.12. 有一个 10 V 标准电压, 用 100 V 挡、0.5 级和 15 V 挡、2.5 级的两块万用表测量, 问哪块表测量误差小?

项目二　直流电路

任务一　电路组成及基本物理量的测量

认识电路的基本组成、电路的三种工作状态；掌握电压、电流、电位等概念及测量方法。

一、电路

(1)电路是由各种元器件(或电工设备)按一定方式连接起来的总体，为电流的流通提供了路径。

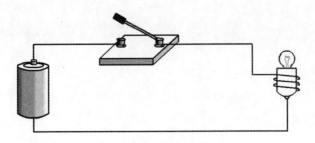

简单的直流电路

(2)电路的基本组成包括以下四个部分：

①电源(供能元件)：为电路提供电能的设备和器件(如电池、发电机等)。

②负载(耗能元件)：使用(消耗)电能的设备和器件(如灯泡等用电器)。

③控制器件：控制电路工作状态的器件或设备(如开关等)。

④连接导线：将电器设备和元器件按一定方式连接起来(如各种铜、铝电缆线等)。

(3)电路的状态有以下三种：

①通路(闭路)：电源与负载接通，电路中有电流通过，电气设备或元器件获得一定的电压和电功率，进行能量转换。

②开路(断路)：电路中没有电流通过，又称为空载状态。

③短路：电源两端的导线直接相连接，输出电流过大，对电源来说属于严重过载，

如没有保护措施，电源或电器会被烧毁或发生火灾，所以通常要在电路或电气设备中安装熔断器、保险装置等，以避免发生短路时出现不良后果。

（4）理想元件：电路是由电特性相当复杂的元器件组成的，为了便于使用数学方法对电路进行分析，可将电路实体中的各种电气设备和元器件用一些能够表征它们主要电磁特性的理想元件（模型）来代替，而对它的实际上的结构、材料、形状等非电磁特性不予考虑。由理想元件构成的电路叫作实际电路的电路模型，也叫作实际电路的电路原理图，简称为电路图。

二、电流

（1）电路中电荷沿着导体定向运动形成电流，其方向规定为正电荷流动的方向（或负电荷流动的反方向），其大小等于在单位时间内通过导体横截面的电量，称为电流强度（简称电流），用符号 I 或 $i(t)$ 表示，讨论一般电流时可用符号 i。

设在 $\Delta t = t_2 - t_1$ 时间内，通过导体横截面的电荷量为 $\Delta q = q_2 - q_1$，则在 Δt 时间内的电流强度可用数学公式表示为：

$$i(t) = \frac{\Delta q}{\Delta t}$$

式中，Δt 为很小的时间间隔，时间的国际单位制为秒（s）；电量 Δq 的国际单位制为库仑（C）；电流 $i(t)$ 的国际单位制为安培（A）。

常用的电流单位还有毫安（mA）、微安（μA）、千安（kA）等，它们与安培的换算关系为

$$1\ mA = 10^{-3}A；1\ \mu A = 10^{-6}\ A；1\ kA = 10^3 A$$

（2）直流电流

如果电流的大小及方向都不随时间变化，即在单位时间内通过导体横截面的电量相等，则称之为稳恒电流或恒定电流，简称为直流（direct current），记为 DC 或 dc，直流电流要用大写字母 I 表示：

$$I = \frac{\Delta q}{\Delta t} = \frac{Q}{t}$$

直流电流 I 与时间 t 的关系在 $I - t$ 坐标系中为一条与时间轴平行的直线。

（3）交流电流

如果电流的大小及方向均随时间变化，则称为交流电流（alternating current），记为 AC 或 ac，交流电流的瞬时值要用小写字母 i 或 $i(t)$ 表示。对电路分析来说，一种最为重要的交流电流是正弦交流电流，其大小及方向均随时间按正弦规律作周期性变化。交流电流 $i(t)$ 表示为：

$$i(t) = \frac{\Delta q}{\Delta t} = \frac{dq}{dt}(\Delta t \to 0)$$

三、电压

（1）电压是指电路中两点 A、B 之间的电位差（简称为电压），其大小等于单位正电荷因受电场力作用从 A 点移动到 B 点所做的功，电压的方向规定为从高电位指向低电位的方向。

电压的国际单位制为伏特（V），常用的单位还有毫伏（mV）、微伏（μV）、千伏（kV）等，它们与伏特的换算关系为

$$1\ mV = 10^{-3}V;\ 1\ \mu V = 10^{-6}V;\ 1\ kV = 10^{3}V$$

（2）直流电压与交流电压

如果电压的大小及方向都不随时间变化，则称之为稳恒电压或恒定电压，简称为直流电压，用大写字母 U 表示。

如果电压的大小及方向随时间变化，则称为交流电压。对电路分析来说，一种最为重要的交流电压是正弦交流电压（简称交流电压），其大小及方向均随时间按正弦规律作周期性变化。交流电压的瞬时值要用小写字母 u 或 $u(t)$ 表示。

四、电位

（1）电位参考点（即零电位点）

在电路中选定某一点 A 为电位参考点，就是规定该点的电位为零，即 $U_A = 0$。电位参考点的选择方法是：

①在工程中常选大地作为电位参考点；

②在电子线路中，常选一条特定的公共线或机壳作为电位参考点。

在电路中通常用符号"⊥"标出电位参考点。

（2）电位

电路中某一点 M 的电位 U_M 就是该点到电位参考点 A 的电压，也即 M、A 两点间的电位差，即

$$U_M = U_{MA}$$

计算电路中某点电位的方法是：

①确认电位参考点的位置；

②确定电路中的电流方向和各元件两端电压的正负极性；

③从被求点开始通过一定的路径绕到电位参考点，则该点的电位等于此路径上所有电压降的代数和。电阻元件电压降写成 $\pm RI$ 的形式，当电流 I 的参考方向与路径绕行方向一致时，选取"+"号；反之，则选取"–"号。电源电动势写成 $\pm E$ 的形式，当电动势的方向与路径绕行方向一致时，选取"–"号；反之，则选取"+"号。电动势的方向与其电压方向相反。

【例 2.1.1】如图 2.1.1 所示电路，已知 $E_1 = 45\ V$，$E_2 = 12\ V$，电源内阻忽略不计；$R_1 = 5\ \Omega$，$R_2 = 4\ \Omega$，$R_3 = 2\ \Omega$。求 B、C、D 三点的电位 U_B、U_C、U_D。

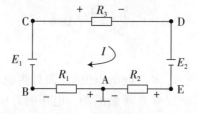

图 2.1.1　例题 2.1.1

解：利用电路中 A 点为电位参考点（零电位点），电流方向为顺时针方向：

B 点电位：

$$U_B = U_{BA} = -R_1 I = -15(\text{V})$$

C 点电位：

$$U_C = U_{CA} = E_1 - R_1 I = 45 - 15 = 30(\text{V})$$

D 点电位：

$$U_D = U_{DA} = E_2 + R_2 I = 12 + 12 = 24(\text{V})$$

必须注意的是，电路中两点间的电位差（即电压）是绝对的，不随电位参考点的不同发生变化，即电压值与电位参考点无关；而电路中某一点的电位则是相对电位参考点而言的，电位参考点不同，该点电位值也将不同。

例如，在上例题中，假如以 E 点为电位参考点，则

B 点的电位变为

$$U_B = U_{BE} = -R_1 I - R_2 I = -27(\text{V})$$

C 点的电位变为

$$U_C = U_{CE} = R_3 I + E_2 = 18(\text{V})$$

D 点的电位变为

$$U_D = U_{DE} = E_2 = 12(\text{V})$$

【任务实施】

实训 2.1.1　电路中电位的测量

一、实训目的

（1）掌握电路中电位的测量方法。

（2）会计算电路中各点的电位。

二、原理说明

电路中各点的电位，就是从该点出发通过一定的路径到达参考点，其电位等于此路径上全部电压降的代数和。

在一个确定的闭合电路中，各点电位的高低视所选的电位参考点的不同而不同，但任意两点间的电位差（即电压）则是绝对的，它不因参考点电位的变动而改变。据此性质，我们可用电压表来测量出电路中各点相对于参考点的电位及任意两点间的电压。

在电路中电位参考点可任意选定，但一旦选定后，各点电位的计算均以该点为准。如果换一个点作为参考点，则各点的电位也就不同。所以说，电位的大小随参考点选择的不同而不同。

三、实训设备

序号	名称	型号与规格	数量	备注
1	直流稳压电源	+5 V、+12 V		
2	万用表		1	自备
3	直流数字电压表	0~200 V	1	
4	电阻器若干			R_{02}、R_{03}、R_{04}

四、实训内容

按图 2.1.2 所示电路接线。

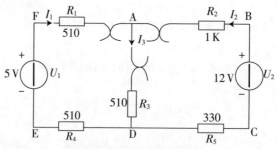

图 2.1.2　电路接线图

（1）分别将两路直流稳压电源接入电路，令 $U_1 = 5$ V，$U_2 = 12$ V。

（2）以图 2.1.1 中的 A 点作为电位的参考点，分别测量 B、C、D、E、F 各点的电位值 U 及相邻两点之间的电压值 U_{AB}、U_{BC}、U_{CD}、U_{DE}、U_{EF} 及 U_{FA}，数据列于表中。

（3）以 D 点作为参考点，重复实训内容 2 的测量，测得的数据列于下表中。

电位参考点		U_A	U_B	U_C	U_D	U_E	U_F	U_{AB}	U_{BC}	U_{CD}	U_{DE}	U_{EF}	U_{FA}
A	计算值	—	—	—	—	—	—						
	测量值												
D	计算值	—	—	—	—	—	—						
	测量值												

注："计算值"一栏，$U_{AB} = U_A - U_B$，$U_{BC} = U_B - U_C$，以此类推。

五、实训注意事项

测量电位时，用指针式万用表的直流电压挡或用数字直流电压表测量时，用负表笔(黑色)接参考电位点，用正表笔(红色)接被测各点。若指针正向偏转或数显表显示正值，则表明该点电位为正(即高于参考点电位)；若指针反向偏转或数显表显示负值，此时应调换万用表的表棒，然后读出数值，此时在电位值之前应加一负号(表明该点的电位低于参考点的电位)。数显表也可不调换表笔，直接读出负值。

六、思考题

若以 F 点为参考电位点，实训测得各点的电位值；现将 E 点作为参考电位点，试问此时各点的电位值应有何变化?

七、实训报告

(1)总结电路中电位的测量方法。

(2)心得体会及其他。

任务二　元件伏安特性测绘及电阻的串联、并联、混联

【任务描述】

学习元件伏安特性测绘，认识电阻的串联、并联、混联。

【知识学习】

一、电阻

1. 电阻

电子在物体内做定向运动时会遇到阻碍，这种阻碍在电路中表现为电阻。具有一定电阻值的元器件称为电阻。电阻是在电子电路中应用最多的元件之一，常用来进行电压、电流的控制和传送。电阻元件是耗能元件，例如灯泡、电热炉等电器。电阻定律：

$$R = \rho \frac{1}{S}$$

ρ——制成电阻的材料电阻率，国际单位制为欧姆·米($\Omega \cdot$ m)；

l——绕制成电阻的导线长度，国际单位制为米(m)；

S——绕制成电阻的导线横截面积，国际单位制为平方米(m^2)；

R——电阻值，国际单位制为欧姆(Ω)。

经常用的电阻单位还有千欧($k\Omega$)、兆欧($M\Omega$)，它们与 Ω 的换算关系为：

$$1 \text{ k}\Omega = 10^3 \text{ }\Omega, \text{ } 1 \text{ M}\Omega = 10^6 \text{ }\Omega$$

电阻元件的电阻值大小一般还与温度有关，衡量电阻受温度影响大小的物理量是温度系数，其定义为温度每升高1℃时电阻值发生变化的百分数。电阻值随着温度的升高而增大称为正温度系数电阻，电阻值随着温度的升高而减小称为负温度系数电阻。

电阻通常按如下方法分类：

(1)按照制造工艺或材料可分为：合金型(线绕电阻、精密合金箔电阻)、薄膜型

（碳膜、金属膜、化学沉淀膜及金属氧化膜等）、合成型（合成膜电阻、实芯电阻）。

（2）按照使用范围及用途可分为：普通型（允许误差为±5%、±10%、±20%）、精密型（允许误差为±2%~±0.001%）、高频型（也称为无感电阻）、高压型（额定电压可达35 kV）、高阻型（阻值在10 MΩ以上）、敏感型（阻值对温度、光照、压力、气体等敏感）、集成电阻（也称为电阻排）。常见的电阻如图2.2.1所示。

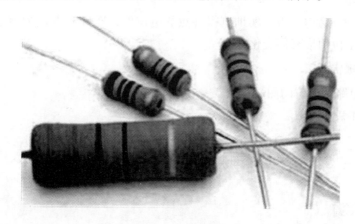

图2.2.1 常见电阻

电阻的倒数叫电导，用 G 表示，单位是西门子（S），表达式如下：

$$G = \frac{1}{R}$$

2. 电阻的主要参数

（1）标称阻值和允许误差

电阻的标称阻值和允许误差一般都标在电阻的体表。通常所说的电阻值即电阻的标称阻值。电阻的标称阻值往往和它的实际值不完全相符。实际值和标称阻值的偏差，除以标称阻值所得的百分数，为电阻的允许误差，它反映了电阻的精度。不同的精度有一个相应的允许误差，电阻的标称阻值按误差等级分类，国家规定有E24、E12、E6系列，其误差分别为Ⅰ级（±5%）、Ⅱ级（±10%）、Ⅲ级（±20%），见表2.2.1。

表2.2.1 E24、E12、E6系列的具体规定

系列值电阻	精度	误差等级	标称值
E24	±5%	Ⅰ	1.0, 1.1, 1.2, 1.3, 1.5, 1.6, 1.8, 2.0, 2.2, 2.4, 2.7, 3.0, 3.3, 3.6, 3.9, 4.3, 4.7, 5.1, 5.6, 6.2, 6.8, 7.5, 8.2, 9.1
E12	±10%	Ⅱ	1.0, 1.2, 1.5, 1.8, 2.2, 2.7, 3.3, 3.9, 4.7, 5.6, 6.8, 8.2
E6	±20%	Ⅲ	1.0, 1.5, 2.2, 3.3, 4.7, 6.8, 8.2

（2）额定功率

当电流通过电阻的时候，电阻便会发热。功率越大，电阻的发散热量就越大。如果电阻发热功率过大，电阻就会被烧坏。电阻在正常大气压及额定温度下，长期连续工作并能满足规定的性能要求时，所允许耗散的最大功率，叫作电阻的额定功率。在电路图中，电阻额定功率常用图 2.2.2 所示的符号来表示。

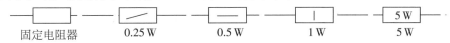

固定电阻器　　　0.25 W　　　0.5 W　　　1 W　　　5 W
　　　　　　　　　　　　　　　　　　　　　　　　　　5 W

图 2.2.2　电阻的额定功率通用符号

3. 电阻的标识方法

电阻常用的标识方法有直标法、文字符号法、色标法和数码标志法。

（1）直标法

直标法是用阿拉伯数字和单位符号在电阻表面直接标出标称阻值，其允许误差用百分数表示，如图 2.2.3（a）所示。

（2）文字符号法

文字符号法是用阿拉伯数字和文字符号两者有规律的组合来表示标称阻值，其允许误差也用文字符号（表 2.2.2）表示，如图 2.2.3（b）所示：RJ - 0.5 是指额定功率为 0.5 W 的金属膜电阻，7K5J 是指阻值为 7.5 kΩ，误差为正负 5%。

RJ1W
7.5KΩ ±5%
92.5

RJ-0.5
7K5J

（a）　　　　　　　　　　　　　　　（b）

图 2.2.3　电阻的直标法和文字符号法

表 2.2.2　文字符号表示的允许误差

A	±0.1%	J	±5%
C	±0.25%	K	±10%
D	±0.5%	M	±20%
F	±1%	N	±30%
G	±2%		

（3）色标法

色标法是用不同颜色的色带或色点在电阻表面标出标称阻值和允许误差。色标法常见的有四环色标法和五环色标法，如图 2.2.4 所示。

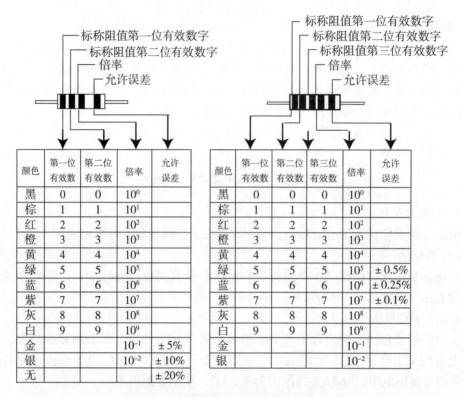

图 2.2.4　电阻标称阻值与误差的色标法

如图 2.2.5 所示，四环电阻的色标分别是红、黑、橙、金，其阻值是 $20\ \Omega \times 10^3 = 20\ \mathrm{k}\Omega$，允许误差是 $\pm 5\%$；又如五环电阻的色标分别是绿、蓝、黑、红、棕，其阻值是 $560\ \Omega \times 10^2 = 56\ \mathrm{k}\Omega$，允许误差是 $\pm 1\%$。

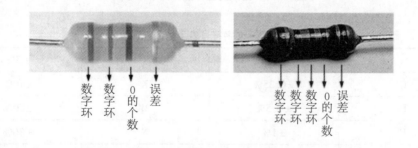

图 2.2.5　色环电阻的色环表示方法

（4）数码表示法

数码表示法常见于集成电阻和贴片电阻等。例如，在集成电阻表面标出 503，代表其电阻的阻值是 $50\ \Omega \times 10^3 = 50\ \mathrm{k}\Omega$。

4. 电阻的测量

测量电阻时一般采用万用表的欧姆挡来进行。测量前，应将万用表调零。无论使用指针式还是数字型万用表测量电阻值，都必须注意以下三点：

（1）选的挡位要合适，即挡位值要略大于被测电阻的标称阻值。如果没有标称值，可以先用较高挡位试测，然后逐步逼近正确挡位。

（2）测量时不可用两手同时抓住被测电阻两端的引出线，因为那样会把人体电阻和被测电阻并联起来，使测量结果偏小。

（3）若测量电路中的某个电阻，必须将该电阻的一端从电路中断开，以防电路中的其他元器件影响测量结果。

电阻的质量判别方法如下：

（1）看电阻引线有无折断及外壳烧焦现象。

（2）用万用表欧姆挡测量阻值，合格的电阻值应稳定在允许的误差范围内，如超出误差范围或阻值不稳定，则不能选用。

5. 电位器

（1）电位器概念

电位器是一种可调电阻。电位器对外有三个引出端，其中两个为固定端，另一个是滑动端（也称中心抽头）。滑动端可以在固定端之间的电阻体上做机械运动，使其与固定端之间的阻值发生变化。在电路中，常用电位器来调节电阻值或电压。电位器的常用外形如图 2.2.6 所示，符号如图 2.2.7 所示。

图 2.2.6　常见的电位器

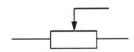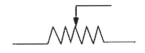

图 2.2.7　电位器符号

电位器的种类繁多、用途各异。可按用途、材料、结构特点、阻值变化规律、驱动机构的运动方式等因素对电位器进行分类。常见的电位器种类如表 2.2.3 所示。

表 2.2.3　电位器分类

分类形式			举例
材料	合金型	线绕	线绕电位器（WX）
		金属膜	金属箔电位器（WB）
	薄膜型		金属膜电位器（WJ），金属膜氧气化膜电位器（WY） 复合膜电位器（WH），碳膜电位器（WT）
	合成型	有机	有机舒心电位器（WS）
		无机	无机实心电位器，金属玻璃釉电位器（WI）
导电塑料			直滑式（LP），旋转式（CP），用途普通，精密，微调，功率，一频，高压，耐压
阻值变化规律	线性		线性电位器（X）
	非线性		对数式（D），指数式（Z），正余弦式
结构特点			单圈，多圈，单联，有止挡，带开关，紧锁式
调节方式			旋转式，直滑式

（2）电位器的主要参数

描述电位器技术指标的参数很多，但对一般电子产品来说，我们最关心的是以下几种基本参数：标称阻值、额定功率、滑动噪声、极限电压、电阻变化规律、分辨力等。

标在电位器上的阻值，其系列与电阻的标称阻值系列相同。根据不同的精确等级，实际阻值与标称阻值的允许偏差范围为 ±20%、±10%、±5%、±2%、±1%，精确电位器的精度可达到 ±0.1%。

电位器的额定功率是指两个固定端之间允许耗散的功率。一般电位器的额定功率系列为 0.063 W、0.125 W、0.25 W、0.5 W、0.75 W、1 W、2 W、3 W；线绕电位器的额定功率比较大，有 0.5 W、0.75 W、1 W、1.6 W、3 W、5 W、10 W、16 W、25 W、40 W、63 W、100 W。

当电刷在电阻体上滑动时，电位器中心端与固定端的电压会出现无规则的起伏，这种现象称为电位器的滑动噪声。它是由材料电阻率分布的不均匀性以及电刷滑动的无规律变化引起的。

用万用表欧姆挡测量电位器两个固定端的电阻，并与标称值核对阻值，如果万用表指针不动或比标称值大得多，表明电位器已坏；如表针跳动，表明电位器内部接触不好。再测量滑动端与固定端的阻值变化情况，移动滑动端，如阻值从最小到最大连续变化，而且最小值很小，最大值接近标称值，说明电位器质量较好；如阻值间断或不连续，说明电位器滑动端接触不好，则不能选用。

二、欧姆定律

1. 部分电路欧姆定律

电阻元件的伏安关系服从欧姆定律，即：

$$U = RI \quad 或 \quad I = U/R = GU$$

其中，$G = 1/R$。

2. 闭合电路的欧姆定律

闭合电路是外电路(电源外部的电路)和内电路(电源以内的电路)的合成。图 2.2.8 中 r 表示电源的内部电阻，R 表示电源外部连接的电阻(负载)。闭合电路欧姆定律的数学表达式为

$$E = RI + rI \quad 或 \quad I = \frac{E}{R + r}$$

外电路两端电压 $U = RI = E - rI = \frac{R}{R + r}E$，显然，负载电阻 R 值越大，其两端电压 U 也越大；当 $R \gg r$ 时(相当于开路)，则 $U = E$；当 $R \ll r$ 时(相当于短路)，则 $U = 0$，此时一般情况下的电流$(I = E/r)$很大，电源容易烧毁。

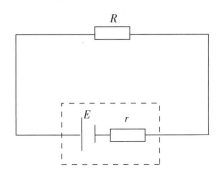

图 2.2.8　简单的闭合电路

【例 2.2.1】如图 2.2.9 所示，当单刀双掷开关 S 合到位置 1 时，外电路的电阻 $R_1 = 14\ \Omega$，测得电流表读数 $I_1 = 0.2\ \text{A}$；当开关 S 合到位置 2 时，外电路的电阻 $R_2 = 9\ \Omega$，测得电流表读数 $I_2 = 0.3\ \text{A}$；试求电源的电动势 E 及其内阻 r。

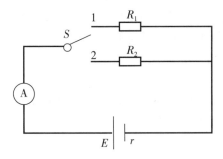

图 2.2.9　例题 2.2.1

解： 根据闭合电路的欧姆定律，列出联立方程组

$$\begin{cases} E = R_1 I_1 + r I_1 & (当\ S\ 合到位置\ 1\ 时) \\ E = R_2 I_2 + r I_2 & (当\ S\ 合到位置\ 2\ 时) \end{cases}$$

解得：$r = 1\ \Omega$，$E = 3\ \text{V}$。本例题给出了一种测量直流电源电动势 E 和内阻 r 的

方法。

三、线性电阻与非线性电阻

电阻值 R 与通过它的电流 I 和两端电压 U 无关（即 $R=$ 常数）的电阻元件叫作线性电阻，其伏安特性曲线在 $I-U$ 平面坐标系中为一条通过原点的直线。电阻值 R 与通过它的电流 I 和两端电压 U 有关（即 $R\neq$ 常数）的电阻元件叫作非线性电阻，其伏安特性曲线在 $I-U$ 平面坐标系中为一条通过原点的曲线。通常所说的"电阻"，如不作特殊说明，均指线性电阻。

四、电阻的测量方法

电阻的测量在电工测量技术中占有十分重要的地位，工程中所测量的电阻值，一般为 $10^{-6}\Omega \sim 10^{12}\Omega$。为减小测量误差，要选用适当的测量电阻方法。通常将电阻按其阻值的大小分成三类，即小电阻（1Ω 以下）、中等电阻（$1\Omega \sim 0.1M\Omega$）和大电阻（$0.1M\Omega$ 以上）。测量电阻的方法很多，常用的方法分类如下：

1. 按获取测量结果方式分类

（1）直接测阻法

采用直读式仪表测量电阻，仪表的标尺是以电阻的单位（Ω、$k\Omega$ 或 $M\Omega$）刻度的，根据仪表指针在标尺上的指示位置，可以直接读取测量结果。例如，用万用表的 Ω 挡或 $M\Omega$ 表等测量电阻，就是直接测阻法。

（2）比较测阻法

采用比较仪器将被测电阻与标准电阻器进行比较，在比较仪器中接有检流计，当检流计指零时，可以根据已知的标准电阻值，获取被测电阻的阻值。如惠斯通电桥测电阻法。

（3）间接测阻法

通过测量与电阻有关的电量，然后根据相关公式计算，求出被测电阻的阻值。例如，得到广泛应用的、最简单的间接测阻法是电流、电压表法测量电阻（即伏安法），该方法是用电流表测出通过被测电阻中的电流、用电压表测出被测电阻两端的电压，然后根据欧姆定律即可计算出被测电阻的阻值。

2. 按被测电阻的阻值的大小分类

（1）小电阻的测量

小电阻的测量是指测量 1Ω 以下的电阻。测量小电阻时，一般是选用毫欧表。要求测量精度比较高时，则可选用双臂电桥法测量。

（2）中等电阻的测量

中等电阻的测量是指测量阻值为 $1\Omega \sim 0.1M\Omega$ 的电阻。对中等电阻的测量最为方便的方法是用欧姆表进行测量，它可以直接读数，但这种方法的测量误差较大。中等电阻的测量也可以选电压、电流表测阻法，它能测出工作状态下的电阻值。其测量误差比较大。若需精密测量则可选用单臂电桥法。

（3）大电阻的测量

大电阻的测量是指测量阻值在 $0.1M\Omega$ 以上的电阻。在测量大电阻时可选用兆欧表法，可以直接读数，但测量误差也较大。

3. 伏安法测电阻

图 2.2.10(a) 是电流表外接的伏安法，这种测量方法的特点是电流表读数 I 包含被测电阻 R 中的电流 I 与电压表中的电流 I_V，所以电压表读数 U 与电流表读数 I 的比值应是被测电阻 R 与电压表内阻 R_V 并联后的等效电阻，即 $(R//R_V) = U/I$，所以被测电阻值为

$$R = \cfrac{U}{I - \cfrac{U}{R_V}}$$

如果不知道电压表内阻 R_V 的准确值，令 $R \approx \dfrac{U}{I}$，则该种测量方法适用于 $R \ll R_V$ 情况，即适用于测量阻值较小的电阻。

图 2.2.10(b) 是电流表内接的伏安法，这种测量方法的特点是电压表读数 U 包含被测电阻 R 端电压 U 与电流表端电压 U_A，所以电压表读数 U 与电流表读数 I 的比值应是被测电阻 R 与电流表内阻 R_A 之和，即 $R + R_A = U/I$，所以被测电阻值为

$$R = \frac{U}{I} - R_A$$

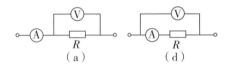

（a）　　　　　　　　（d）

图 2.2.10　伏安法测电阻

如果不知道电流表内阻的准确值，令 $R \approx \dfrac{U}{I}$，则该种测量方法适用于 $R \gg R_A$ 的情况，即适用于测量阻值较大的电阻。

4. 惠斯通电桥

惠斯通电桥法可以比较准确地测量电阻，其原理如图 2.2.11 所示。

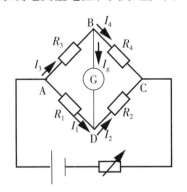

图 2.2.11　惠斯通电桥法测量电阻

R_1、R_2、R_3 为可调电阻，并且是阻值已知的标准精密电阻。R_4 为被测电阻，当检流计的指针指示到零位置时，称为电桥平衡。此时，B、D 两点为等电位，被测电阻为

$$R_4 = \frac{R_2}{R_1}R_3$$

五、电阻串联

设总电压为 U、电流为 I、总功率为 P。如图 2.2.12 所示。

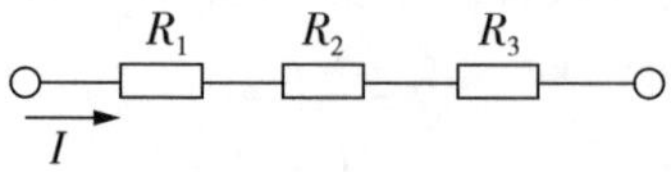

图 2.2.12 电阻的串联

（1）等效电阻：

$$R = R_1 + R_2 + \cdots + R_n$$

（2）分压关系：

$$\frac{U_1}{R_1} = \frac{U_2}{R_2} = \cdots = \frac{U_n}{R_n} = \frac{U}{R} = I$$

（3）功率分配：

$$\frac{P_1}{R_1} = \frac{P_2}{R_2} = \cdots = \frac{P_n}{R_n} = \frac{P}{R} = I^2$$

特例：两只电阻 R_1、R_2 串联时，等效电阻 $R = R_1+R_2$，则有分压公式

$$U_1 = \frac{R_1}{R_1 + R_2}U, \quad U_2 = \frac{R_2}{R_1 + R_2}U$$

【例 2.2.2】有一盏额定电压为 $U_1 = 40$ V、额定电流为 $I = 5$ A 的电灯，应该怎样把它接入电压 $U = 220$ V 照明电路中？

解：将电灯（设电阻为 R_1）与一只分压电阻 R_2 串联后，接入 $U = 220$ V 电源上，如图 2.2.13 所示。

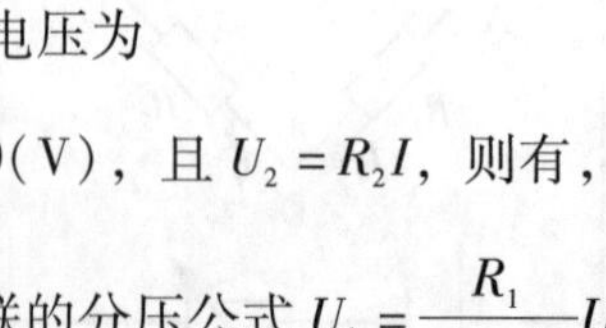

图 2.2.13

解法一：分压电阻 R_2 上的电压为

$U_2 = U - U_1 = 220 - 40 = 180（\text{V}）$，且 $U_2 = R_2 I$，则有，$R_2 = \dfrac{U_2}{I} = \dfrac{180}{5} = 36（\Omega）$。

解法二：利用两只电阻串联的分压公式 $U_1 = \dfrac{R_1}{R_1 + R_2}U$，且 $R_1 = \dfrac{U_1}{I} = 8\ \Omega$，可得 $R_2 = R_1\dfrac{U - U_1}{U_1} = 36（\Omega）$。

即将电灯与一只 36 Ω 分压电阻串联后，接入 $U = 220$ V 电源上即可。

【例 2.2.3】有一只电流表，内阻 $R_g = 1$ kΩ，满偏电流为 $I_g = 100\ \mu$A，要把它改成

量程为 $U_n = 3$ V 的电压表，应该串联一只多大的分压电阻 R？

解： 如图 2.2.14 所示。

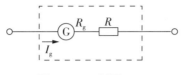

图 2.2.14　例题 2−4

该电流表的电压量程为 $U_g = R_g I_g = 0.1$ V，与分压电阻 R 串联后的总电压 $U_n = 3$ V，即将电压量程扩大到 $n = U_n / U_g = 30$ 倍。

利用两只电阻串联的分压公式，可得 $U_g = \dfrac{R_g}{R_g + R} U_n$，则

$$R = \frac{U_n - U_g}{U_g} R_g = \left(\frac{U_n}{U_g} - 1 \right) R_g = (n-1) R_g = 29 (\text{k}\Omega)$$

上例表明，将一只量程为 U_g、内阻为 R_g 的表头扩大到量程为 U_n 的电压表，所需要的分压电阻为 $R = (n-1) R_g$，其中 $n = (U_n / U_g)$ 称为电压扩大倍数。

六、电阻并联

设总电流为 I、电压为 U、总功率为 P。如图 2.2.15 所示。

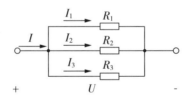

图 2.2.15　电阻的并联

（1）等效电导：

$$G = G_1 + G_2 + \cdots + G_n, \quad 即 \frac{1}{R} = \frac{1}{R_1} + \frac{1}{R_2} + \cdots + \frac{1}{R_n}$$

（2）分流关系：

$$R_1 I_1 = R_2 I_2 = \cdots = R_n I_n = RI = U$$

（3）功率分配：

$$R_1 P_1 = R_2 P_2 = \cdots = R_n P_n = RP = U^2$$

特例：两只电阻 R_1、R_2 并联时，等效电阻 $R = \dfrac{R_1 R_2}{R_1 + R_2}$，则有分流公式

$$I_1 = \frac{R_2}{R_1 + R_2} I, \quad I_2 = \frac{R_1}{R_1 + R_2} I$$

【例 2.2.4】 如图 2.2.16 所示，电源供电电压 $U = 220$ V，每根输电导线的电阻均为 $R_1 = 1$ Ω，电路中一共并联 100 盏额定电压 220 V、功率 $40W$ 的电灯。假设电灯在工作（发光）时电阻值为常数。试求：（1）当只有 10 盏电灯工作时，每盏电灯的电压 U_L 和功

率 P_L；（2）当100盏电灯全部工作时，每盏电灯的电压 U_L 和功率 P_L。

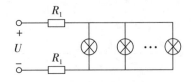

图 2.2.16　例题 2.2.4

解： 每盏电灯的电阻为 $R = U^2/P = 1210\ \Omega$，n 盏电灯并联后的等效电阻为 $R_n = R/n$。根据分压公式，可得每盏电灯的电压，根据题目可得

$$U_L = \frac{R_n}{2R_1 + R_n}U \qquad P_L = \frac{U_L^2}{R}$$

当只有10盏电灯工作时，即 $n = 10$，$R_n = R/n = 121\ \Omega$，因此有

$$U_L = \frac{R_n}{2R_1 + R_n}U \approx 216(\text{V}), \quad P_L = \frac{U_L^2}{R} \approx 39(\text{W})$$

（2）当100盏电灯全部工作时，即 $n = 100$，$R_n = R/n = 12.1\ \Omega$，则有

$$U_L = \frac{R_n}{2R_1 + R_n}U \approx 189(\text{V}), \quad P_L = \frac{U_L^2}{R} \approx 29(\text{W})$$

【例 2.2.5】 有一只微安表，满偏电流为 $I_g = 100\ \mu\text{A}$、内阻 $R_g = 1\ \text{k}\Omega$，要改装成量程为 $I = I_n = 100\ \text{mA}$ 的电流表，试求所需分流电阻 R。

解： 如图 2.2.17 所示，设 $n = I_n/I_g$（称为电流量程扩大倍数），根据分流公式可得 $I_g = \dfrac{R}{R_g + R}I_n = \dfrac{R}{R_g + R}nI_g$，则

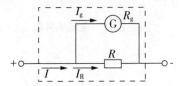

图 2.2.17　例题 2.2.5

$$R = \frac{R_g}{n - 1}$$

本题中 $n = I_n/I_g = 1000$，则有

$$R = \frac{R_g}{n - 1} = \frac{1\ \text{k}\Omega}{1000 - 1} \approx 1(\Omega)$$

上例表明，将一只量程为 I_g、内阻为 R_g 的表头扩大到量程为 I_n，所需要的分流电阻为 $R = R_g/(n - 1)$，其中 $n = (I_n/I_g)$ 称为电流扩大倍数。

七、电阻混联

在电阻电路中，既有电阻的串联关系又有电阻的并联关系，称为电阻混联。对混联电路的分析和计算大体上可分为以下几个步骤：

（1）首先整理清楚电路中电阻串、并联关系，必要时重新画出串、并联关系明确的电路图；

（2）利用串、并联等效电阻公式计算出电路中总的等效电阻；

（3）利用已知条件进行计算，确定电路的总电压与总电流；

（4）根据电阻分压关系和分流关系，逐步推算出各支路的电流或电压。

【例 2.2.6】如图 2.2.18 所示，已知 $R_1 = R_2 = 8\ \Omega$，$R_3 = R_4 = 6\ \Omega$，$R_5 = R_6 = 4\ \Omega$，$R_7 = R_8 = 24\ \Omega$，$R_9 = 16\ \Omega$；电压 $U = 224\ V$。试求：

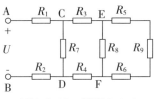

图 2.2.18　例题 2.2.6

（1）电路总的等效电阻 R_{AB} 与总电流 I_Σ；

（2）电阻 R_9 两端的电压 U_9 与通过它的电流 I_9。

解：（1）R_5、R_6、R_9 三者串联后，再与 R_8 并联，E、F 两端等效电阻为

$$R_{EF} = (R_5+R_6+R_9)\ /\!/\ R_8 = 24\ /\!/\ 24 = 12\,(\Omega)$$

R_{EF}、R_3、R_4 三者电阻串联后，再与 R_7 并联，C、D 两端等效电阻为

$$R_{CD} = (R_3+R_{EF}+R_4)\ /\!/\ R_7 = 24\ /\!/\ 24 = 12\,(\Omega)$$

总的等效电阻

$$R_{AB} = R_1+R_{CD}+R_2 = 28\,(\Omega)$$

总电流

$$I_\Sigma = U/R_{AB} = 224/28 = 8\,(A)$$

利用分压关系求各部分电压：

$$U_{CD} = R_{CD}I_\Sigma = 96\,(V)$$

$$U_{EF} = \frac{R_{EF}}{R_3 + R_{EF} + R_4}U_{CD} = \frac{12}{24} \times 96 = 48\,(V)$$

$$I_9 = \frac{U_{EF}}{R_5 + R_6 + R_9} = 2\,(A)，\quad U_9 = R_9 I_9 = 32\,(V)$$

【例 2.2.7】如图 2.2.19 所示，已知 $R = 10\ \Omega$，电源电动势 $E = 6\ V$，内阻 $r = 0.5\ \Omega$，试求电路中的总电流 I。

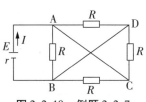

图 2.2.19　例题 2.2.7

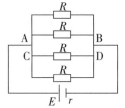

图 2.2.20　例题 2.2.7 的等效电路

解：首先整理清楚电路中电阻串、并联关系，并画出等效电路，如图 2.2.20 所示。

四只电阻并联的等效电阻为
$$R_e = R/4 = 2.5(\Omega)$$
根据全电路欧姆定律，电路中的总电流为
$$I = 6/(2.5 + 0.5) = 2(A)$$

【任务实施】

实训 2.2.1　电阻的串联和并联电路

一、实训目的

(1)掌握电阻串、并联电路的特点。

(2)能应用电阻串、并联电路的特点分析实际电路。

二、原理说明

1. 电阻串联电路

把两个或两个以上的电阻依次连接，使电流只有一条通路的电路，称为电阻串联电路，电阻串联电路的特点是：

(1)电流：通过各电阻的电流相等。

(2)电压：总电压等于各电阻上电压之和。

(3)电阻：等效电阻(总电阻)等于各串联电阻之和。

(4)电压：各串联电阻对总电压起分压作用，各电阻两端的电压与各电阻的阻值成正比。

2. 电阻并联电路

把两个或两个以上的电阻并接在两点之间，电阻两端承受同一电压的电路，称为电阻并联电路，电阻并联电路的特点是：

(1)电压：各并联电阻两端的电压相等。

(2)电流：总电流等于通过各电阻的分电流之和。

(3)电阻：电阻并联对总电流有分流作用，并联电路等效电阻(总电阻)的倒数等于各并联电阻倒数之和。

(4)电流分配：并联电路中通过各个电阻的电流与各个电阻的阻值成反比。

三、实训设备

序号	名称	型号与规格	数量	备注
1	直流可调稳压电源	0 ~ 30 V	1	
2	直流数字毫安表	0 ~ 2000 mA	1	
3	直流数字电压表	0 ~ 200 V	1	
4	万用表		1	自备
5	电阻若干		1	R_{10}

四、实训内容

1. 电阻串联电路的测量

(1)按图 2.2.21 所示电路连接实训原理电路。

(2)将直流稳压电源输出 6 V 电压接入电路。

(3)测量串联电路各电阻两端的电压、流过串联电路的总电流及等效电阻。自拟表格，将测量的各数据填入表格中。

2. 电阻并联电路的测量

(1)按图 2.2.22 所示电路连接实训原理电路。

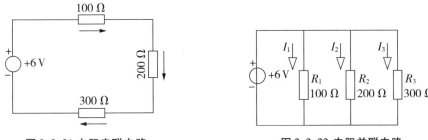

图 2.2.21 电阻串联电路　　　　　图 2.2.22 电阻并联电路

(2)将直流稳压电源输出 6 V 电压接入电路。

(3)测量并联电路流过各电阻的电流、并联电路的总电流及等效电阻。自拟表格，将测量的各数据填入表格中。

五、实训注意事项

(1)实训所需的电压源，在开启电源开关前，应将电压源的输出调节旋钮调至最小，接通电源后，再根据需要缓慢调节。

(2)电压表应与被测电路并联使用，电流表应与被测电路串联使用，并且都要注意极性与量程的合理选择。

六、思考题

(1)有两个白炽灯，它们的额定电压都是 220 V，A 灯额定功率为 40 W，B 灯额定功率为 100 W。在 220 V 工作电压下，将它们串联连接时，哪一盏灯亮？将它们并联连接时，哪一盏灯亮？

(2)两个阻值相差很大的电阻并联，其等效电阻由哪只电阻决定？

七、实训报告

(1)根据实训结果，分析总结电阻串、并联电路的特点。

(2)心得体会及其他。

实训 2.2.2　电阻的混联电路

一、实训目的

(1)认识电阻的混联电路，会分析混联电路的等效电阻。

（2）学会混联电路的分析方法。

（3）学会伏安法测电阻。

二、原理说明

1. 电阻的混联电路

在实际电路中，既有电阻串联又有电阻并联的电路，称为电阻混联电路。如图2.2.23 所示。混联电路的一般分析方法如下：

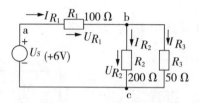

图 2.2.23　电阻混联电路

（1）求混联电路的等效电阻

根据混联电路电阻的连接关系求出电路的等效电阻。

（2）求混联电路的总电流

根据欧姆定律求出电路的总电流。

（3）求各部分的电压、电流和功率

根据欧姆定律，电阻的串、并联特点和电功率的计算公式分别求出电路各部分的电压、电流和功率。

2. 伏安法测电阻

伏安法又称电流表－电压表法，是一种间接测量电阻的方法。这种方法是在被测电阻通有电流的条件下，用电压表测出电阻两端的电压，用电流表测量通过电阻的电流，然后根据欧姆定律求出被测电阻。

三、实训设备

序号	名称	型号与规格	数量	备注
1	直流可调稳压电源	0 ~ 30 V	1	
2	直流数字毫安表	0 ~ 2000 mA	1	
3	直流数字电压表	0 ~ 200 V	1	
4	万用表		1	自备
5	电阻器若干			R_{10}、R_{26}

四、实训内容

1. 电阻串联电路的连接

（1）按图 2.2.23 所示电路连接实训电路，接线时，可先将电源 U_s、R_1、R_2 串联，

再将 R_3 并联 b、c 两点。即先连接串联电路，后连接分支的并联电路。

（2）将直流稳压电源输出 +6 V 电压接入电路。

2. 等效电阻的测量与计算

（1）断开稳压电源，万用表拨至欧姆挡，分别测量 R_{bc} 与 R_{ac} 两处的等效电阻值，自拟表格，将测量结果填入表 2.2.8 中。

（2）根据电路等效原理，分别计算 R_{bc} 与 R_{ac} 的阻值，将计算结果填入表 2.2.8 中。

$$R_{bc} = \frac{R_2 R_3}{R_2 + R_3}, \quad R_{ac} = R_1 + R_{bc}$$

3. 电阻混联电路电压与电流的测量

（1）接上稳压电源，用直流电压表测各电阻的端电压，将测量结果填入表 2.2.8 中。

（2）将直流毫安表连入测量回路中，测量流经各电阻的电流，并将测量结果填入表 2.2.8 表格中。

4. 用伏安法计算等效电阻：

根据所得有关数据，用伏安法计算等效电阻 R_{ac}，比较一下用不同方法所得的总等效电阻值。

表 2.2.8　测量结果

U_s	I_{R1}	I_{R2}	I_{R3}	u_{ab}	u_{bc}	U_{ca}	R_{ab}	R_{bc}	R_{ac}

五、实训注意事项

（1）注意直流稳压电源、直流电压表、直流毫安表的使用方法。

（2）换接线路时，必须关闭电源开关。

六、思考题

（1）连接电阻混联电路时应注意哪些问题？

（2）等效电阻的求法有哪几种？

七、实训报告

（1）根据实训结果，分析总结电阻混联电路等效电阻的分析方法。

（2）心得体会及其他。

实训 2.2.3　元件的识别与电路元件的伏安特性测绘

一、实训目的

（1）学会识别常用电路元件的方法。

（2）掌握线性电阻、非线性电阻元件伏安特性的测试技能。

（3）掌握实训台上直流电工仪表和设备的使用方法。

（4）加深对线性电阻元件、非线性电阻元件伏安特性的理解。

二、原理说明

任何一个电器二端元件的特性可用该元件上的端电压 U 与通过该元件的电流 I 之间的函数关系 $I=f(U)$ 来表示，即用 $I-U$ 平面上的一条曲线来表征，这条曲线称为该元件的伏安特性曲线。

（1）线性电阻器的伏安特性曲线是一条通过坐标原点的直线，如图 2.2.24 中直线 a 所示，该直线的斜率等于该电阻器的电阻值。

（2）一般的白炽灯，其灯丝电阻从冷态开始随着温度的升高而增大。通过白炽灯的电流越大，其温度越高，阻值也越大。灯丝的"冷电阻"与"热电阻"的阻值可相差几倍至十几倍，它的伏安特性如图 2.2.24 中曲线 b 所示。

（3）一般的半导体二极管是一个非线性电阻元件，其伏安特性如图 2.2.24 中曲线 c 所示。其正向压降很小（一般的锗管为 $0.2\sim0.3\,V$，硅管约为 $0.5\sim0.7\,V$），正向电流随正向压降的升高而急剧上升。而反向电压从零一直增加到十多至几十伏时，其反向电流增加很小，粗略地可视为零。可见，二极管具有单向导电性，但反向电压加得过高，超过二极管的极限值，则会导致二极管击穿损坏。

4. 稳压二极管是一种特殊的半导体二极管，其正向特性与普通二极管类似，但其反向特性较特别，如图 2.2.24 中曲线 d 所示。在反向电压开始增加时，其反向电流几乎为零，但当电压增加到某一数值时（称为二极管的稳压值，有各种不同稳压值的稳压管），电流将突然增加，以后它的端电压将基本维持恒定，当反向电压继续升高时其端电压仅有少量增加。

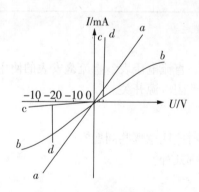

图 2.2.24 伏安特性曲线

注意：流过二级管或稳压二级管的电流不能超过二级管的极限值，否则二极管就会烧坏。

对于一个未知的电阻元件，可以参照对已知电阻元件的测试方法进行测量，再根据测得数据描绘其伏安特性曲线，再与已知元件的伏安特性曲线相对照，即可判断出该未知电阻元件的类型及某些特性，如线性电阻的电阻值、二极管的材料（硅或锗）、稳压二极管的稳压值等。

三、实训设备

序号	名称	型号与规格	数量	备注
1	可调直流稳压电源	0 ~ 30 V	1	屏上
2	万用表		1	自备
3	直流电流表	0 ~ 2000 mA	1	屏上
4	直流数字电压表	0 ~ 200 V	1	
5	二极管	1N4007，2CW51	1	VD2
6	白炽灯	12 V/0.1 A	1	HL4
7	线性电阻器	200 Ω、510 Ω、1 kΩ/2W	各1	R_{02}、R_{04}、R_{10}

四、实训内容

1. 测定线性电阻器的伏安特性

按图2.2.25接线，调节稳压电源的输出电压 U，使 R 两端的电压依次为下表 U_R 所列值，记下相应的电流表读数 I。

U_R/V	0	2	4	6	8	10
I/mA						

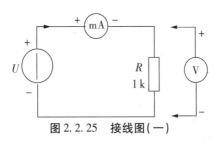

图 2.2.25　接线图(一)

2. 测定非线性白炽灯泡的伏安特性

将图2.2.25中的 R 换成一只12 V，0.1 A的灯泡，重复1的测量，记下相应的电流表读数 I。U_L 为灯泡的端电压。

U_L/V	0.1	0.5	1	2	3	5	8	10
I/mA								

3. 测定半导体二极管的伏安特性

按图2.2.26接线，R 为限流电阻器。测二极管的正向特性时，其正向电流不得超过36 mA，二极管 D 的正向压降 U_{D+} 按下表所列取值。测反向特性时，只需将图2.2.26中的二极管 D 反接，且其反向电压 U_{D-} 可加到30 V。

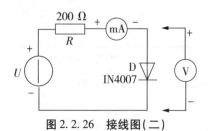

图 2.2.26　接线图(二)

正向特性实训数据

U_{D+}/V	0.10	0.30	0.50	0.55	0.60	0.65	0.70	0.75
I/mA								

反向特性实训数据

U_{D-}/V	0	−5	−10	−15	−20	−25	−30
I/mA							

4. 测定稳压二极管的伏安特性

(1)正向特性实训:将图 2.2.26 中的二极管换成稳压二极管 2CW51,重复实训内容 3 中的正向测量。U_{Z+} 为 2CW51 的正向压降。

U_{Z+}/V	
I/mA	

(2)反向特性实训:将图 2.2.26 中的 R 换成 510 Ω,2CW51 反接,测量 2CW51 的反向特性。稳压电源的输出电压 U_o 从 0 ~ 20 V,测量 2CW51 二端的电压 U_{Z-} 及电流 I,由 U_{Z-} 的变化情况可看出其稳压特性。

U_o/V	0	0.7	1	2	3	4	10	20
U_{Z-}/V								
I/mA								

五、实训注意事项

(1)测二极管正向特性时,稳压电源输出应由小至大逐渐增加,应时刻注意电流表读数不得超过 36 mA。稳压源输出端切勿碰线短路。

(2)进行不同实训时,应先估算电压和电流值,合理选择仪表的量程,勿使仪表超量程。仪表的极性亦不可接错。

六、思考题

(1)线性电阻与非线性电阻的概念是什么?电阻器与二极管的伏安特性有何区别?

(2)设某器件伏安特性曲线的函数式为 $I = f(U)$，试问在逐点绘制曲线时，其坐标变量应如何放置？

(3)稳压二极管与普通二极管有何区别，其用途如何？

(4)在图 2.2.26 中，设 $U = 2$ V，$U_{D_+} = 0.7$ V，则电流表的读数为多少？

实训 2.2.4　直流电阻电路故障的检查

一、实训目的

(1)进一步熟练掌握万用表的使用方法。

(2)学会用测量电阻的方法检查故障。

(3)学会用测量电压和电位的方法检查故障。

二、原理说明

故障的形式有电路接线错误、断线、短路、接触不良，元器件或仪表选择使用不恰当等。当电路出现故障时，应立即切断电源进行检查。

检查故障的一般方法如下：

(1)检查线路接线是否正确，仪表规格与量程、元件的参数(包括额定电压、额定电流、额定功率)及电源电压的大小选择是否正确。

(2)用万用表欧姆挡检查故障时，应先切断电源，根据故障现象，大致判断故障区段。用万用表欧姆挡检查该区段各元件、导线、连接点是否断开，各器件是否短路。一般来说如果某无源二端网络中有开路之处，该网络两端测出的电阻值比正常值大；如果某无源二端网络中有短路处，该网络测出的电阻值比正常值小。

(3)用万用表直流电压挡检查故障时，应先检查电源电压是否正确，如果电源电压正确，接通电源，再逐点测量各点对所选参考点的电位(或逐渐测量各段的电压)。一般来说，如果串联电路中的某一点开路，则开路点以前的电位相等，开路点以后的电位相等，但开路点前后的电位不相等；如果电路中的某一段短路，则两短路点间的电压为零(或两短路点的电位相等)，而其余各段电压不为零。

三、实训设备

序号	名称	型号规格	数量	备注
1	直流毫安表	0～2000 mA	1	
2	直流电压表	0～200 V	1	
3	直流稳压电源	0～30 V	1	
4	电阻器	R_{02}、R_{03}	各1	
5	万用表		1	自备

四、实训内容

1. 测量前的准备与线路的连接

(1)按图 2.2.27 电路接线。

（2）调节直流稳压电源，输出电压为 6 V，然后断开稳压电源开关。

2. 简单串联电路正常连接与故障情况时电位、电压的测量

（1）测量图 2.2.27 所示电路正常连接时以 E 为参考点时各点的电位及各段电压，测量结果记入表 2.2.9 中。

（2）将图 2.2.27 中 B 点开路，重新测量各点电位及各段电压，记入表 2.2.9 中。

（3）将图 2.2.27 中 A、F 点短路，重新测量各点电位及各段电压，记入表 2.2.9 中。

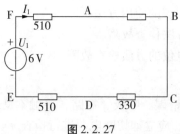

图 2.2.27

表 2.2.9　简单串联电路正常连接与故障情况时电位、电压的测量

项目	U_A/V	U_B/V	U_D/V	U_F/V	U_{AF}/V	U_{AB}/V	U_{CD}/V	U_{DE}/V
正常								
B 点开路								
A、F 短路								

3. 简单混联电路正常连接与故障情况时电位、电压的测量

（1）在图 2.2.27 电路中的 A、D 两点间接一 510 Ω 电阻，如图 2.2.28 所示。分别测量电路正常时以 E 为参考点时各点的电位及各段电压，记入表 2.2.10 中。

（2）将图 2.2.28 中 B 点开路，重测各点电位及各段电压，记入表 2.2.10 中。

（3）将图 2.2.28 中 C、D 点短路，重测各点电位及各段电压，记入表 2.2.10 中。

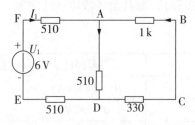

图 2.2.28

表 2.2.10　简单混联电路正常连接与故障情况时电位、电压的测量

项目	U_A/V	U_B/V	U_D/V	U_F/V	U_{AF}/V	U_{AD}/V	U_{DE}/V	U_{AB}/V	U_{CD}/V
正常									
B 点开路									
C、D 短路									

4. 用万用表的欧姆挡测量正常、故障电路的电阻

去掉图 2.2.28 中所示的电源，用万用表的欧姆挡分别测量正常情况下、B 点开路及 C、D 点短路时 EF 间的电阻值，记入表 2.2.11 中。

表 2.2.11

项目	正常	B 点开路	C、D 短路
R_{EF}/Ω			

五、注意事项

（1）根据实训结果，说明当某段串联电路发生故障（开路或短路）时，该段电路中各段电压或各点的电位有何变化？

（2）根据实训结果，说明当某无源二端网络中有开路或短路处时，该网络的等效电阻有何变化？

六、预习与思考题

实际应用中，应如何检查电路故障？

七、实训报告

（1）根据实训结果，总结检查电路故障的一般方法有哪些？

（2）心得体会及其他。

任务三　仪表量程扩展

【任务描述】

【知识学习】

万用表的基本原理是建立在欧姆定律和电阻串联分压、并联分流等规律基础之上的。

万用表的表头是进行各种测量的公用部分。表头内部有一个可动的线圈（叫作动圈），它的电阻 R_g 称为表头的内阻。动圈处于永久磁铁的磁场中，当动圈通有电流之后会受到磁场力的作用而发生偏转。固定在动圈上的指针随着动圈一起偏转的角度与动圈中的电流成正比。当指针指示到表盘刻度的满标度时，动圈中所通过的电流称为满偏电流 I_g。R_g 与 I_g 是表头的两个主要参数。

一、直流电压的测量

将表头串联一只分压电阻 R，即构成一个简单的直流电压表，如图 2.3.1 所示。

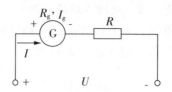

图 2.3.1　简单的直流电压表

测量时将电压表并联在被测电压 U 的两端，通过表头的电流与被测电压 U 成正比

$$I = \frac{U}{R + R_g}$$

在万用表中，用转换开关分别将不同数值的分压电阻与表头串联，即可得到几个不同的电压量程。

【例 2.3.1】如图 2.3.2 所示某万用表的直流电压表部分电路，5 个电压量程分别是 $U_1 = 2.5\ \text{V}$，$U_2 = 10\ \text{V}$，$U_3 = 50\ \text{V}$，$U_4 = 250\ \text{V}$，$U_5 = 500\ \text{V}$，已知表头参数 $R_g = 3\ \text{k}\Omega$，$I_g = 50\ \mu\text{A}$。试求电路中各分压电阻 R_1、R_2、R_3、R_4、R_5 的值。

解：利用电压表扩大量程公式 $R = (n - 1)\ R_g$，其中 $n = (U_n/U_g)$，$U_g = R_g I_g = 0.15\ \text{V}$。

(1) 求 R_1：$n_1 = (U_1/U_g) = 16.67$，$R_1 = (n - 1)\ R_g = 47\ (\text{k}\Omega)$。

(2) 求 R_2：把 $R_{g2} = R_g + R_1 = 50\ \text{k}\Omega$ 视为表头内阻，$n_2 = (U_2/U_1) = 4$，则 $R_2 = (n - 1)R_{g2} = 150\ (\text{k}\Omega)$。

(3) 求 R_3：把 $R_{g3} = R_g + R_1 + R_2 = 200\ (\text{k}\Omega)$ 视为表头内阻，$n_3 = (U_3/U_2) = 5$，则 $R_3 = (n - 1)R_{g3} = 800\ (\text{k}\Omega)$。

(4) 求 R_4：把 $R_{g4} = R_g + R_1 + R_2 + R_3 = 1000\ (\text{k}\Omega)$ 视为表头内阻，$n_4 = (U_4/U_3) = 5$，则 $R_4 = (n - 1)R_{g4} = 4000k = (4\text{M}\Omega)$。

(5) 求 R_5：把 $R_{g5} = R_g + R_1 + R_2 + R_3 + R_4 = 5\ (\text{M}\Omega)$ 视为表头内阻，$n_5 = (U_5/U_4) = 2$，则 $R_5 = (n - 1)R_{g5} = 5\ (\text{M}\Omega)$。

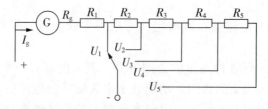

图 2.3.2　例题 2.3.1

二、直流电流的测量

将表头并联一只分流电阻 R，即构成一个最简单的直流电流表，如图 2.3.3 所示。设被测电流为 I，则通过表头的电流 I_G 与被测电流 I 成正比，即

$$I_G = \frac{R}{R_g + R} I_x$$

分流电阻 R 由扩展后电流表的量程 I 和表头参数确定

$$R = \frac{I_g}{I_L - I_g} R_g$$

实际万用表是利用转换开关将电流表制成多量程的，如图 2.3.4 所示。

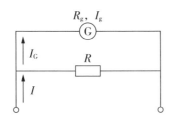

图 2.3.3　简单的直流电流表

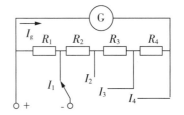

图 2.3.4　多量程的直流电流表

【任务实施】

实训 2.3.1　仪表量程扩展

一、实训目的

(1) 了解指针式毫安表的量程和内阻在测量中的作用。

(2) 掌握毫安表改装成电流表和电压表的方法。

二、原理说明

(1) 一只毫安表允许通过的最大电流称为该表的量程，用 I_g 表示，该表有一定的内阻，用 R_g 表示。这就是一个"基本表"，其等效电路如图 2.3.6 所示。I_g 和 R_g 是毫安表的两个重要参数。

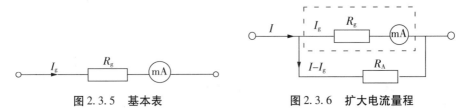

图 2.3.5　基本表　　　　　　　　图 2.3.6　扩大电流量程

(2) 满量程为 1 mA 的毫安表，最大只允许通过 1 mA 的电流，过大的电流会造成"打针"，甚至烧断电流线圈而损坏。要用它测量超过 1 mA 的电流，亦即要扩大毫安表的测量范围，可选择一个合适的分流电阻 R_A 与基本表并联，如图 2.3.7 所示。R_A 的大小可以精确算出。

设：基本表满量程为 $I_g = 1\ \text{mA}$，基本表内阻 $Rg = 100\ \Omega$。

现要将其量程扩大 10 倍 (即可用来测量 10 mA 电流)，则应并联的分流电阻 R_A 应满足下式：

$$I_g R_g = (I - I_g) R_A$$

$$1\ \text{mA} \times 100\ \Omega = (10 - 1)\ \text{mA} \times R_A$$

$$R_A = \frac{100}{9} = 11.1\ \Omega$$

同理，要使其量程扩展为 100 mA，则应并联 1.11 Ω 的分流电阻。

当用改装后的电流表来测量 10 mA（或 100 mA）以下的电流时，只要将基本表的读数乘以 10（或 100）或者直接将电表面板的满刻度刻成 10 mA（或 100 mA）即可。

（3）毫安表改装为电压表。

一只毫安表也可以改装为一只电压表，只要选择一只合适的分压电阻 R_v 与基本表相串接即可，如图 2.3.7 所示。

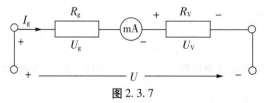

图 2.3.7

设被测电压值为 U，则有：

$$U = U_g + U_v = I_g(R_g + R_v)$$

所以

$$R_v = \frac{U - I_g R_g}{I_g} = \frac{U}{I_g} - R_g$$

电压表要将量程为 1 mA，内阻为 100 Ω 的毫安表改装为量程为 1 V 的电压表，则应串联的分压电阻的阻值应为：

$$R_v = \frac{1\ V}{1\ mA} - 100 = 1000 - 100 = 90\ (\Omega)$$

若要将量程扩大到 10 V，应串联多大的分压电阻呢？

三、实训设备

序号	名称	型号规格	数量	备注
1	直流电压表	0～200 V	1	
2	直流电流表	0～2000 mA	1	
3	直流稳压电源	0～30 V	1	
4	直流恒流源	0～200 mA	1	
5	基本表	1 mA，100 Ω	1	
6	电阻	1.01 Ω，11.1 Ω，900 Ω，9.9 kΩ	R_{24}、R_{25}	

四、实训内容与步骤

1. 1 mA 表表头的检验

（1）调节恒流源的输出，最大不超过 1 mA；

（2）先对毫安表进行机械调零，再将恒流源的输出接至毫安表的信号输入端；

（3）调节恒流源的输出，令其从 1 mA 调至 0，分别读取指针表的读数，并记录之。

恒流源输出/mA	1	0.8	0.6	0.4	0.2	0
表头读数/mA						

2. 将基本表改装为量程为 10 mA 的毫安表

(1)将分流电阻 11.1 Ω 并接在基本表的两端，这样就将基本表改装成了满量程为 10 mA 的毫安表；

(2)将恒流源的输出调至 10 mA；

(3)调节恒流源的输出，使其从 10 mA 调至 0，依次减小 2 mA，用改装好的毫安表依次测量恒流源的输出电流，并记录之；

恒流源输出/mA	10	8	6	4	2	0
毫安表读数/mA						

(4)将分流电阻改换为 1.01 Ω，再重复步骤 3)(注意要改变恒流源的输出值)。

3. 将基本表改装为一只电压表。

(1)将分压电阻 9.9 kΩ 与基本表串接，这样基本表就被改装成为满量程为 10 V 的电压表；

(2)将电压源的输出调至 10 V；

(3)调节电压源的输出，使其从 10 V 至 0，依次减小 2 V，并用改装成的电压表进行测量，并记录之。

电压源输出/V	10	8	6	4	2	0
改装表读数/V						

(4)将分压电阻换成 900 Ω，重复上述测量步骤(注意调整电压源的输出)。

五、实训注意事项

(1)输入仪表的电压和电流要注意到仪表的量程，不可过大，以免损坏仪表；

(2)可外接标准表(如直流毫安表和直流电压表作为标准表)进行校验；

(3)注意接入仪表的信号极性，以免指针反偏而打坏指针；

(4)11.1 Ω、1.01 Ω、9.9 kΩ、900 Ω 四只电阻的阻值是按照量程 $I_g = 1$ mA，内阻 $R_g = 100$ Ω 的基本表计算出来的。基本表的 R_g 会有差异，导致利用上述四个电阻扩展量程后，测量时的误差增大。因此，实训时，可先测出 R_g，并计算出量程扩展电阻 R。再从 R_P 电位器上取得 R 值，可提高实训的准确性、实际性。

六、预习思考题

如何扩展电流表和电压表的量程？

七、实训报告

(1)总结电路原理中分压、分流的具体应用。

(2)总结电表的改装方法。

(3)测量误差的分析。

任务四 基尔霍夫定律

【任务描述】

掌握基尔霍夫定律及其应用，学会运用支路电流法分析计算复杂直流电路。

【知识学习】

一、基本电路名词

以图2.4.1所示电路为例说明。

(1)支路：电路中具有两个端钮且通过同一电流的无分支电路。如图2.4.1电路中的 ED、AB、FC 均为支路，该电路的支路数目为 $b=3$。

(2)节点：电路中三条或三条以上支路的连接点。如图2.4.1电路的节点为 A、B 两点，该电路的节点数目为 $n=2$。

(3)回路：电路中任一闭合的路径。如图 2.4.1 电路中的 CDEFC、AFCBA、EABDE 路径均为回路，该电路的回路数目为 $L=3$。

(4)网孔：不含有分支的闭合回路。如图2.4.1 电路中的 AFCBA、EABDE 回路均为网孔，该电路的网孔数目为 $m=2$。

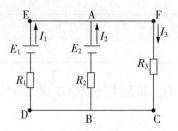

图2.4.1 常用电路名词的说明

(5)网络：在电路分析范围内网络是指包含较多元件的电路。

二、基尔霍夫电流定律

(1)电流定律的第一种表述：在任何时刻，电路中流入任一节点中的电流之和，恒等于从该节点流出的电流之和，即

$$\sum I_{流入} = \sum I_{流出}$$

例如图2.4.2中，在节点 A 上：$I_1 + I_3 = I_2 + I_4 + I_5$

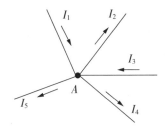

图 2.4.2 电流定律的举例说明

(2)电流定律的第二种表述：在任何时刻，电路中任一节点上的各支路电流代数和恒等于零，即

$$\sum I = 0$$

一般可在流入节点的电流前面取"＋"号，在流出节点的电流前面取"－"号，反之亦可。例如图 2.4.2 中，在节点 A 上：$I_1 - I_2 + I_3 - I_4 - I_5 = 0$。

在使用电流定律时，必须注意：

(1)对于含有 n 个节点的电路，只能列出 $(n-1)$ 个独立的电流方程。

(2)列节点电流方程时，只需考虑电流的参考方向，然后再带入电流的数值。

为分析电路的方便，通常需要在所研究的一段电路中事先选定（即假定）电流流动的方向，叫作电流的参考方向，通常用"→"号表示。

电流的实际方向可根据数值的正、负来判断，当 $I > 0$ 时，表明电流的实际方向与所标定的参考方向一致；当 $I < 0$ 时，则表明电流的实际方向与所标定的参考方向相反。

(3)对于电路中任意假设的封闭面来说，电流定律仍然成立。如图 2.4.3 中，对于封闭面 S 来说，有 $I_1 + I_2 = I_3$。

(4)对于网络（电路）之间的电流关系，仍然可由电流定律判定。如图 2.4.4 中，流入电路 B 中的电流必等于从该电路中流出的电流。

(5)若两个网络之间只有一根导线相连，那么这根导线中一定没有电流通过。

(6)若一个网络只有一根导线与地相连，那么这根导线中一定没有电流通过。

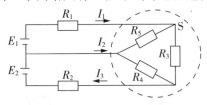

图 2.4.3 电流定律的举例说明

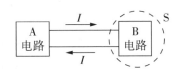

图 2.4.4 电流定律的举例说明

3. 应用举例

【例 2.4.1】如图 2.4.5 所示电桥电路，已知 $I_1 = 25$ mA，$I_3 = 16$ mA，$I_4 = 12$ A，试求其余电阻中的电流 I_2、I_5、I_6。

解：在节点 a 上：$I_1 = I_2 + I_3$，则 $I_2 = I_1 - I_3 = 25 - 16 = 9 (\text{mA})$。

在节点 d 上：$I_1 = I_4 + I_5$，则 $I_5 = I_1 - I_4 = 25 - 12 = 13 (\text{mA})$。

在节点 b 上：$I_2 = I_6 + I_5$，则 $I_6 = I_2 - I_5 = 9 - 13 = -4 (\text{mA})$。

电流 I_2 与 I_5 均为正数，表明它们的实际方向与图中所标定的参考方向相同，I_6 为负数，表明它的实际方向与图中所标定的参考方向相反。

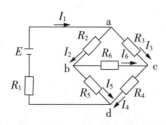
图 2.4.5 例题 2.4.1

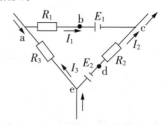
图 2.4.6 电压定律的举例说明

三、基夫尔霍电压定律

（1）电压定律的第一种表述

在任何时刻，沿着电路中的任一回路绕行方向，回路中各段电压的代数和恒等于零，即

$$\sum U = 0$$

应用基夫尔霍电压定律时，首先要确定绕行方向，当电压参考方向与绕行方向一致时，该电压取正号，否则取负号。以图 2.4.6 电路说明基夫尔霍电压定律。沿着回路 abcdea 绕行方向，有

$$U_{ac} = U_{ab} + U_{bc} = R_1 I_1 + E_1, \quad U_{ce} = U_{cd} + U_{de} = -R_2 I_2 - E_2, \quad U_{ea} = R_3 I_3$$

则

$$U_{ac} + U_{ce} + U_{ea} = 0$$

即

$$R_1 I_1 + E_1 - R_2 I_2 - E_2 + R_3 I_3 = 0$$

上式也可写成

$$R_1 I_1 - R_2 I_2 + R_3 I_3 = -E_1 + E_2$$

（2）电压定律的第二种表述

对于电阻电路来说，任何时刻，在任一闭合回路中，各段电阻上的电压降代数和等于各电源电动势的代数和，即

$$\sum RI = \sum E$$

应用此种表述列方程时，当 I 的参考方向与绕行方向一致时，RI 取正号，否则取负号；当 E 的参考方向与绕行方向一致时取正号，否则取负号。

四、支路电流法

以各支路电流为未知量，应用基尔霍夫定律列出节点电流方程和回路电压方程，解出各支路电流，从而可确定各支路（或各元件）的电压及功率，这种解决电路问题的方法叫作支路电流法。对于具有 b 条支路、n 个节点的电路，可列出 $(n-1)$ 个独立的电流方程和 $b-(n-1)$ 个独立的电压方程。

【例 2.4.2】如图 2.4.7 所示电路，已知 $E_1 = 42$ V，$E_2 = 21$ V，$R_1 = 12$ Ω，$R_2 = 3$ Ω，

$R_3 = 6\,\Omega$，试求：各支路电流 I_1、I_2、I_3。

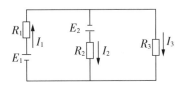

图 2.4.7　例题 2.4.2

解： 该电路支路数 $b = 3$、节点数 $n = 2$，所以应列出 1 个节点电流方程和 2 个回路电压方程，并按照 $\sum RI = \sum E$ 列回路电压方程的方法：

（1）　　　　　　　　$I_1 = I_2 + I_3$　　　　　（任一节点）

（2）　　　　　　　　$R_1I_1 + R_2I_2 = E_1 + E_2$　　　（网孔 1）

（3）　　　　　　　　$R_3I_3 - R_2I_2 = -E_2$　　　（网孔 2）

代入已知数据，解得：$I_1 = 4\,A$，$I_2 = 5\,A$，$I_3 = -1\,A$。

电流 I_1 与 I_2 均为正数，表明它们的实际方向与图中所标定的参考方向相同，I_3 为负数，表明它的实际方向与图中所标定的参考方向相反。

【任务实施】

实训 2.4.1　基尔霍夫定律的验证

一、实验目的

(1) 验证基尔霍夫定律的正确性，加深对基尔霍夫定律的理解。

(2) 学会用电流插头、插座测量各支路电流。

二、原理说明

基尔霍夫定律是电路的基本定律。测量某电路的各支路电流及每个元件两端的电压，应能分别满足基尔霍夫电流定律（KCL）和电压定律（KVL）。即对电路中的任一个节点而言，应有 $\sum I = 0$；对任何一个闭合回路而言，应有 $\sum U = 0$。

运用上述定律时必须注意各支路或闭合回路中电流的正方向，此方向可预先任意设定。

三、实验设备

序号	名称	型号规格	数量	备注
1	直流毫安表	0 ~ 2000 mA	1	
2	直流电压表	0 ~ 200 V	1	
3	直流稳压电源		2 组	
4	电阻器	R_{02}、R_{03}、R_{04}	各 1	
5	万用表		1	自备

四、实验内容

实验线路如图 2.4.8 所示。

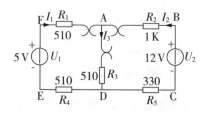

图 2.4.8　实验线路图

（1）实验前先任意设定三条支路和三个闭合回路的电流正方向。图 2.4.8 中的 I_1、I_2、I_3 的方向已设定。三个闭合回路的电流正方向可设为 ADEFA、BADCB 和 FBCEF。

（2）分别将两路直流稳压源接入电路，令 $U_1 = 5$ V，$U_2 = 12$ V。

（3）熟悉电流插头的结构，将电流插头的两端接至数字毫安表的"＋"、"－"两端。

（4）将电流插头分别插入三条支路的三个电流插座中，读出并记录电流值。

（5）用直流数字电压表分别测量两路电源及电阻元件上的电压值，记录之。

被测量	I_1/mA	I_2/mA	I_3/mA	U_1/V	U_2/V	U_{FA}/V	U_{AB}/V	U_{AD}/V	U_{CD}/V	U_{DE}/V
计算值										
测量值										
相对误差										

五、实验注意事项

（1）所有需要测量的电压值，均以电压表测量的读数为准。U_1、U_2 也需测量，不应取电源本身的显示值。

（2）防止稳压电源两个输出端碰线短路。

（3）用指针式电压表或电流表测量电压或电流时，如果仪表指针反偏，则必须调换仪表极性，重新测量。此时指针正偏，可读得电压或电流值。若用数显电压表或电流表测量，则可直接读出电压或电流值。但应注意：所读得的电压或电流值的正、负号应根据设定的电流参考方向来判断。

六、预习思考题

（1）根据图 2.4.8 的电路参数，计算出待测的电流 I_1、I_2、I_3 和各电阻上的电压值，记入表中，以便实验测量时，正确地选定毫安表和电压表的量程。

（2）实验中，若用指针式万用表直流毫安挡测量各支路电流，在什么情况下可能出现指针反偏？应如何处理？在记录数据时应注意什么？若用直流数字毫安表进行测量时，则会有什么显示呢？

七、实验报告

（1）根据实验数据，选定节点 A，验证 KCL 的正确性。

（2）根据实验数据，选定实验电路中的任一个闭合回路，验证 KVL 的正确性。

（3）将支路和闭合回路的电流方向重新设定，重复（1）、（2）两项验证。

（4）误差原因分析。

（5）心得体会及其他。

任务五　电压源与电流源的等效变换

【任务描述】

掌握两种实际电源模型之间的等效变换方法并应用于解决复杂电路问题。

【知识学习】

一、电压源

通常所说的电压源一般是指理想电压源，其基本特性是其电动势（或两端电压）保持固定不变（用 E 表示）或是一定的时间函数 $e(t)$，但电压源输出的电流却与外电路有关，如图 2.5.1（a）所示。

实际电压源是含有一定内阻 r_0 的电压源，如图 2.5.1（b）所示。

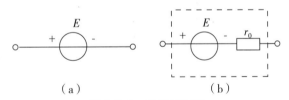

（a）　　　　　　　　　　　　（b）

图 2.5.1　电压源模型

二、电流源

通常所说的电流源一般是指理想电流源，其基本特性是所发出的电流固定不变（用 I_s 表示）或是一定的时间函数 $i_s(t)$，但电流源的两端电压却与外电路有关，如图 2.5.2（a）所示。实际电流源是含有一定内阻 r_s 的电流源，如图 2.5.2（b）所示。

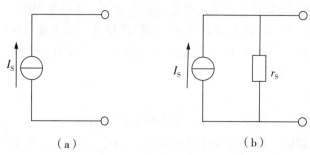

（a）　　　　　　　　　　（b）

图 2.5.2　电流源模型

三、两种实际电源模型之间的等效变换

实际电源可用一个理想电压源 E 和一个电阻 r_0 串联的电路模型表示，其输出电压 U 与输出电流 I 之间关系为

$$U = E - r_0 I$$

实际电源也可用一个理想电流源 I_s 和一个电阻 r_s 并联的电路模型表示，其输出电压 U 与输出电流 I 之间关系为

$$U = (I_s - I) r_s = r_s I_s - r_s I$$

对外电路来说，实际电压源和实际电流源是相互等效的，所以实际电压源和实际电流源是等效变换条件是

$$r_0 = r_s, \ E = r_s I_s 或 I_s = E/r_0$$

【例 2.5.1】如图 2.5.3 所示的电路，已知电源电动势 $E = 6\ \mathrm{V}$，内阻 $r_0 = 0.2\ \Omega$，当接上 $R = 5.8\ \Omega$ 负载时，分别用电压源模型和电流源模型计算负载消耗的功率和内阻消耗的功率。

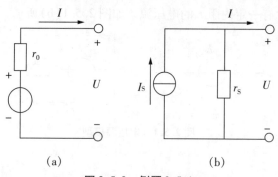

（a）　　　　　　　　　　（b）

图 2.5.3　例题 2.5.1

解：（1）用电压源模型计算：

$I = \dfrac{E}{r_0 + R} = 1\ (\mathrm{A})$，负载消耗的功率 $P_L = I^2 R = 5.8\ (\mathrm{W})$，内阻的功率 $P_r = I^2 r_0$ $= 0.2\ (\mathrm{W})$

（2）用电流源模型计算：

电流源的电流 $I_s = E/r_0 = 30\ (\mathrm{A})$，内阻 $r_s = r_0 = 0.2\ (\Omega)$。

负载中的电流 $I = \dfrac{r_{\mathrm{s}}}{r_{\mathrm{s}} + R} I_{\mathrm{s}} = 1(\mathrm{A})$，负载消耗的功率 $P_{\mathrm{L}} = I^2 R = 5.8(\mathrm{W})$。

内阻中的电流 $I_{\mathrm{r}} = \dfrac{R}{r_{\mathrm{s}} + R} I_{\mathrm{s}} = 29(\mathrm{A})$，内阻的功率 $P_{\mathrm{r}} = I_{\mathrm{r}}^2 r_0 = 168.2(\mathrm{W})$

两种计算方法对负载是等效的，对电源内部是不等效的。所以实际电压源和实际电流源是等效变换只是针对外电路而言等效，对电源内部是不等效的

【例2.5.2】如图2.5.4所示的电路，已知：$E_1 = 12\,\mathrm{V}$，$E_2 = 6\,\mathrm{V}$，$R_1 = 3\,\Omega$，$R_2 = 6\,\Omega$，$R_3 = 10\,\Omega$，试应用电源等效变换法求电阻 R_3 中的电流。

解：（1）先将两个电压源等效变换成两个电流源，如图2.5.5所示，两个电流源的电流分别为

$$I_{\mathrm{S}1} = E_1 / R_1 = 4(\mathrm{A}), \qquad I_{\mathrm{S}2} = E_2 / R_2 = 1(\mathrm{A})$$

（2）将两个电流源合并为一个电流源，得到最简等效电路，如图2.5.6所示。等效电流源的电流为

$$I_{\mathrm{S}} = I_{\mathrm{S}1} - I_{\mathrm{S}2} = 3(\mathrm{A})$$

其等效内阻为

$$R = R_1 /\!/ R_2 = 2(\Omega)$$

（3）求出 R_3 中的电流为

$$I_3 = \frac{R}{R_3 + R} I_{\mathrm{S}} = 0.5(\mathrm{A})$$

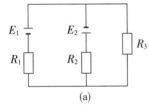

（a）

图2.5.4 例题2.5.2

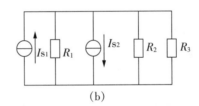

（b）

图2.5.5 例题2.5.2的两个电压源等效成两个电流源

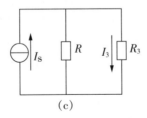

（c）

图2.5.6 例题2.5.2的最简等效电路

四、受控电源

电压或电流受电路中另一部分的电压或电流控制的电源叫受控源。受控源分类如下（图2.5.7）：

（1）VCVS：电压控制电压源；

（2）VCCS：电压控制电流源；

（3）CCVS：电流控制电压源；

（4）CCCS：电流控制电流源。

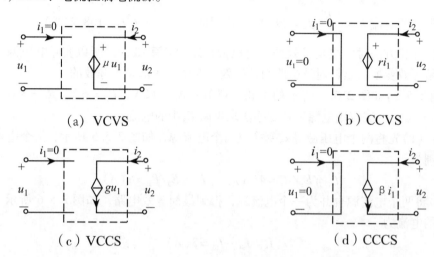

图 2.5.7　受控源分类

【任务实施】

实训 2.5.1　电压源与电流源的等效变换

一、实训目的

验证电压源与电流源等效变换的条件。

二、原理说明

（1）一个直流稳压电源在一定的电流范围内，具有很小的内阻。故在实际应用中，常将它视为一个理想的电压源，即其输出电压不随负载电流的改变而变化。其外特性曲线，即其伏安特性曲线 $U = f(I)$ 是一条平行于 I 轴的直线。

一个恒流源在实用中，在一定的电压范围内，可视为一个理想的电流源，即其输出电流不随负载两端的电压（亦即负载的电阻值）的变化而变化。

（2）一个实际的电压源（或电流源），其端电压（或输出电流）不可能不随负载的变化而变化，因它具有一定的内阻值。故在实训中，用一个小阻值的电阻（或大电阻）与稳压源（或恒流源）相串联（或并联）来模拟一个实际的电压源（或电流源）。

（3）一个实际的电源，就其外部特性而言，既可以看成是一个电压源，又可以看成是一个电流源。若视为电压源，则可用一个理想的电压源 U_s 与一个电阻 R_0 相串联的组合来表示；若视为电流源，则可用一个理想电流源 I_s 与一电导 g_0 相并联的组合来表示。如果有两个电源，它们能向同样大小的电阻供出同样大小的电流和端电压，则称这两个电源是等效的，即具有相同的外特性。一个电压源与一个电流源等效变换的条件为：电压源变换为电流源：

$$I_s = U_s / R_0, \quad g_0 = 1/R_0$$

电流源变换为电压源：

$$U_s = I_s R_0，R_0 = 1/g_o$$

如图 2.5.8 所示。

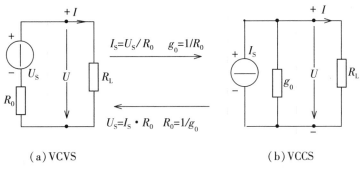

（a）VCVS　　　　　　　　　　　（b）VCCS

图 2.5.8

三、实训设备

序号	名称	型号与规格	数量	备注
1	可调直流稳压电源	0～30 V	1	屏上
2	可调直流恒流源	0～200 mA	1	屏上
3	直流电压表	0～200 V	1	屏上
4	直流毫安表	0～2000 mA	1	屏上
5	万用表		1	自备
6	电阻器	120 Ω、510 Ω	各1	R04、R24

四、实训内容

测定电源等效变换的条件如下：

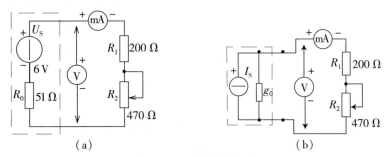

（a）　　　　　　　　　　　　　　（b）

图 2.5.9　线路接线图

（1）按图 2.5.9（a）线路接线，自拟表格，记录线路中两表的读数。

（2）利用图 2.5.9（a）中的元件和仪表，按图 2.5.9（b）接线。

（3）调节恒流源的输出电流 I_s，使两表的读数与图 2.5.9（a）时的数值相等，记录 I_s

之值，验证等效变换条件的正确性。

五、实训注意事项

(1)换接线路时，必须关闭电源开关。

(2)直流仪表的接入应注意极性与量程。

六、预习思考题

稳压源和恒流源的输出在任何负载下是否能保持恒值？

七、实训报告

(1)从实训结果，验证电源等效变换的条件。

(2)心得体会及其他。

实训2.5.2 受控源 VCVS、VCCS、CCVS、CCCS 的实验研究

一、实验目的

通过测试受控源的外特性及其转移参数，进一步理解受控源的物理概念，加深对受控源的认识和理解。

二、原理说明

(1)电源有独立电源(如电池、发电机等)与非独立电源(或称为受控源)之分。

受控源与独立源的不同点是：独立源的电势 E_s 或电流 I_s 是某一固定的数值或是时间的某一函数，它不随电路其余部分的状态人变化而变化。而受控源的电势或电流则是随电路中另一支路的电压或电流变化而变化的一种电源。

受控源又与无源元件不同，无源元件两端的电压和它自身的电流有一定的函数关系，而受控源的输出电压或电流则和另一支路(或元件)的电流或电压有某种函数关系。

(2)独立源与无源元件是二端器件，受控源则是四端器件或称为双口元件。它有一对输入端(U_1、I_1)和一对输出端(U_2、I_2)。输入端可以控制输出端电压或电流的大小。施加于输入端的控制量可以是电压或电流，因而有两种受控电压源(即电压控制电压源 VCVS 和电流控制电压源 CCVS)和两种受控电流源(即电压控制电流源 VCCS 和电流控制电流源 CCCS)。

(3)当受控源的输出电压(或电流)与控制支路的电压(或电流)成正比变化时，则称该受控源是线性的。理想受控源的控制支路中只有一个独立变量(电压或电流)，另一个独立变量等于零，即从输入口看，理想受控源或者是短路(即输入电阻 $R_1 = 0$，因而 $U_1 = 0$)或者是开路(即输入电导 $G_1 = 0$，因而输入电流 $I_1 = 0$)；从输出口看，理想受控源或是一个理想电压源或者是一个理想电流源，如图2.5.10所示。

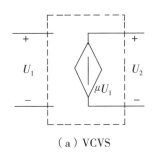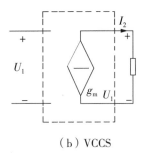

（a）VCVS 　　　　　　　（b）VCCS

图 2.5.9

（4）受控源的控制端与受控端的关系式称为转移函数。

4 种受控源的定义及其转移函数参量的定义如下：

①压控电压源（VCVS）：$U_2 = f(U_1)$，$\mu = U_2/U_1$ 称为转移电压比（或电压增益）。

②压控电流源（VCCS）：$I_2 = f(U_1)$，$g_m = I_2/U_1$ 称为转移电导。

③流控电压源（CCVS）：$U_2 = f(I_1)$，$r_m = U_2/I_1$ 称为转移电阻。

④流控电流源（CCCS）：$I_2 = f(I_1)$，$\alpha = I_2/I_1$ 称为转移电流比（或电流增益）。

三、实验设备

序号	名称	型号与规格	数量	备注
1	可调直流稳压源	$0 \sim 30$ V	1	
2	可调恒流源	$0 \sim 500$ mA	1	
3	直流数字电压表	$0 \sim 300$ V	1	
4	直流数字电流表	$0 \sim 2000$ mA	1	
5	$14P$ 集成插座	IC_2	1	
6	电位器	RP_6	1	
7	电阻器	R_{27}	2	

四、实验内容

（1）测量受控源 VCVS 的转移特性 $U_2 = f(U_1)$ 及负载特性 $U_2 = f(I_L)$，实验线路如图 2.5.11。

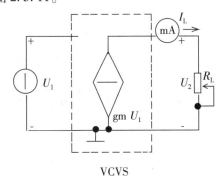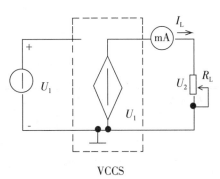

VCVS 　　　　　　　　　　VCCS

图 2.5.11　实验线路图（一）

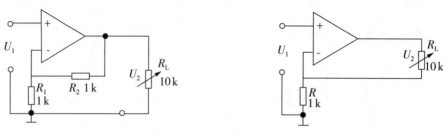

图 2.5.12　实验线路图(二)

①不接电流表，固定 $R_L = 2\ k\Omega$，调节稳压电源输出电压 U_1，测量 U_1 及相应的 U_2 值，记入下表。

U_1/V	0	1	2	3	5	7	8	9	μ
U_2/V									

在方格纸上绘出电压转移特性曲线 $U_2 = f(U_1)$，并在其线性部分求出转移电压比 μ。

②接入电流表，保持 $U_1 = 2\ \text{V}$，改变 R_L 的阻值，测 U_2 及 I_L，绘制负载特性曲线 $U_2 = f(I_L)$。

R_L/Ω	50	70	100	200	300	400	500	∞
U_2/V								
I_L/mA								

2. 测量受控源 VCCS 的转移特性 $I_L = f(U_1)$ 及负载特性 $I_L = f(U_2)$，实验线路如图 2.5.11 所示。

(1)固定 $R_L = 2\ k\Omega$，调节稳压电源的输出电压 U_1，测出相应的 I_L 值，绘制 $I_L = f(U_1)$ 曲线，并由其线性部分求出转移电导 g_m。

U_1/V	0.1	0.5	1.0	2.0	3.0	3.5	3.7	4.0	g_m
I_L/mA									

(2)保持 $U_1 = 2\ \text{V}$，令 R_L 从大到小变化，测出相应的 I_L 及 U_2，绘制 $I_L = f(U_2)$ 曲线。

$R_L/\text{k}\Omega$	5	4	2	1	0.5	0.4	0.3	0.2	0.1	0
I_L/mA										
U_2/V										

(3)测量受控源 CCVS，CCCS 转移特性(由学生自己根据所学知识搭接电路测量)。

五、实验注意事项

每次组装线路，必须事先断开供电电源。

六、预习思考题

(1)受控源和独立源相比有何异同点？比较四种受控源的代号、电路模型、控制量与被控量的关系如何？

(2)四种受控源中的 r_m、g_m、α 和 μ 的意义是什么？如何测得？

(3)若受控源控制量的极性反向，试问其输出极性是否发生变化？

(4)受控源的控制特性是否适合于交流信号？

七、实验报告

(1)根据实验数据，在方格纸上分别绘出四种受控源的转移特性和负载特性曲线，并求出相应的转移参量。

(2)对预习思考题作必要的回答。

(3)对实验的结果作出合理的分析和结论，总结对四种受控源的认识和理解。

(4)心得体会及其他。

任务六　叠加定理

【任务描述】

掌握叠加定理及其应用。

【知识学习】

一、叠加定理

当线性电路中有几个电源共同作用时，各支路的电流(或电压)等于各个电源分别单独作用时在该支路产生的电流(或电压)的代数和(叠加)。

在使用叠加定理分析计算电路时应注意以下几点：

(1)叠加定理只能用于计算线性电路(即电路中的元件均为线性元件)的支路电流或电压(不能直接进行功率的叠加计算)；

(2)电压源不作用时应视为短路，电流源不作用时应视为开路；

(3)叠加时要注意电流或电压的参考方向，正确选取各分量的正负号。

二、应用举例

【例 2.6.1】如图 2.6.1(a)所示电路，已知 $E_1 = 17$ V，$E_2 = 17$ V，$R_1 = 2$ Ω，$R_2 = 1$ Ω，$R_3 = 5$ Ω，试应用叠加定理求各支路电流 I_1、I_2、I_3。

解：(1)当电源 E_1 单独作用时，将 E_2 视为短路，设 $R_{23} = R_2 /\!/ R_3 = 0.83$ Ω

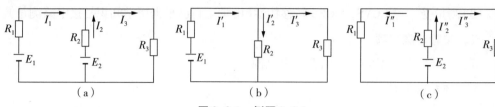

图 2.6.1 例题 2.6.1

$$I'_1 = \frac{E_1}{R_1 + R_{23}} = \frac{17}{2.83} = 6(\text{A})$$

$$I'_2 = \frac{R_3}{R_2 + R_3} I'_1 = 5(\text{A})$$

$$I'_3 = \frac{R_2}{R_2 + R_3} I'_1 = 1(\text{A})$$

（2）当电源 E_2 单独作用时，将 E_1 视为短路，设 $R_{13} = R_1 /\!/ R_3 = 1.43\ \Omega$，则：

$$I''_2 = \frac{E_2}{R_2 + R_{13}} = \frac{17}{2.43} = 7(\text{A})$$

$$I''_1 = \frac{R_3}{R_1 + R_3} I''_2 = 5(\text{A})$$

$$I''_3 = \frac{R_1}{R_1 + R_3} I''_2 = 2(\text{A})$$

（3）当电源 E_1、E_2 共同作用时（叠加），若各电流分量与原电路电流参考方向相同时，在电流分量前面选取" + "号，反之，则选取"–"号：

$$I_1 = I'_1 - I''_1 = 1(\text{A}),\ I_2 = -I'_2 + I''_2 = 1(\text{A}),\ I_3 = I'_3 + I''_3 = 3(\text{A})$$

【任务实施】

实训 2.6.1 叠加原理的验证

一、实训目的

验证线性电路叠加原理的正确性，掌握线性电路叠加原理的分析方法。

二、原理说明

叠加原理是线性电路分析的基本方法，它的内容是：由线性电阻和多个独立电源组成的线性电路中，任何一条支路中的电流（或电压）等于各个独立电源单独作用时，在此支路中所产生的电流（或电压）的代数和。

当某个电源单独作用时，其余不起作用的电源应保留内阻，多余电压源作短路处理，多余电流源作开路处理。

三、实训设备

序号	名称	型号与规格	数量	备注
1	直流稳压电源		2组	屏上
2	万用表		1	自备
3	直流电压表	0 ~ 200 V	1	屏上
4	直流毫安表	0 ~ 2000 mA	1	屏上
5	电阻器			R_{02}、R_{03}、R_{04}
6	二极管	1N4007	1	VD2

四、实训内容

实训线路如图2.6.2所示。

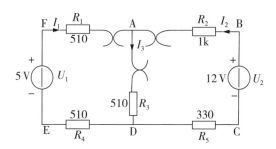

图 2.6.2　实训线路图

(1)将两路稳压源的输出分别调节为5 V和12 V，接入U_1和U_2处。

(2)令U_1电源单独作用。用直流数字电压表和毫安表(接电流插头)测量各支路电流及各电阻元件两端的电压，数据记入表2.6.1。

(3)令U_2电源单独作用，重复实训步骤(2)的测量和记录，数据记入表2.6.1。

(4)令U_1和U_2共同作用，重复上述的测量和记录，数据记入表2.6.1。

(5)将R_5(330 Ω)换成二极管1N4007，重复步骤(1)~(4)的测量过程，自拟表格。

表 2.6.1　测量据表

测量项目 实训内容	U_1/V	U_2/V	I_1/mA	I_2/mA	I_3/mA	U_{AB}/V	U_{CD}/V	U_{AD}/V	U_{DE}/V	U_{FA}/V
U_1单独作用										
U_2单独作用										
U_1、U_2共同作用										

五、实训注意事项

(1)用电流插头测量各支路电流时或者用电压表测量电压降时，应注意仪表的极性，并应正确判断测得值的"＋"、"－"号。

（2）注意仪表量程的及时更换。

六、思考题

实训电路中，若将其中一个电阻器改为二极管，试问叠加原理还成立吗？为什么？

七、实训报告

（1）根据实训数据表格，进行分析、比较，归纳、总结实训结论。

（2）通过实训步骤（5），你能得出什么样的结论？

（3）心得体会及其他。

任务七　戴维南定理和诺顿定理

【任务描述】

掌握戴维南定理和诺顿定理及其应用。

【知识学习】

一、二端网络的有关概念

二端网络：具有两个引出端与外电路相联的网络。又叫作一端口网络或单端口网络。

无源二端网络：内部不含有电源的二端网络。

有源二端网络：内部含有电源的二端网络。

二、戴维南定理

任何一个线性有源二端电阻网络，对外电路来说，总可以用一个电压源 E_0 与一个电阻 r_0 相串联的模型来替代。电压源的电动势 E_0 等于该二端网络的开路电压，电阻 r_0 等于该二端网络中所有电源不作用时（即令电压源短路、电流源开路）的等效电阻（叫作该二端网络的等效内阻）。该定理又叫作等效电压源定理。

【例2.7.1】如图2.7.1所示电路，已知 $E_1 = 7$ V，$E_2 = 6.2$ V，$R_1 = R_2 = 0.2$ Ω，$R = 3.2$ Ω，试应用戴维南定理求电阻 R 中的电流 I。

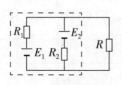
图2.7.1　例题2.7.1

图2.7.2　例题2.7.1 求开路电压 U_{ab}

解：（1）将 R 所在支路开路去掉，如图2.7.2所示，求开路电压 U_{ab}：

$$I_1 = \frac{E_1 - E_2}{R_1 + R_2} = \frac{0.8}{0.4} = 2(\text{A}), \quad U_{ab} = E_2 + R_2 I_1 = 6.2 + 0.4 = E_0 = 6.6(\text{V})$$

（2）将电压源短路去掉，如图 2.7.3 所示，求等效电阻 R_{ab}：

图 2.7.3 求等效电阻 R_{ab}

图 2.7.4 求电阻 R 中的电流 I

$$R_{ab} = R_1 /\!/ R_2 = r_0 = 0.1(\Omega)$$

（3）画出戴维南等效电路，如图 2.7.4 所示，求电阻 R 中的电流 I：

$$I = \frac{E_0}{r_0 + R} = \frac{6.6}{3.3} = 2(A)$$

【例 2.7.2】 如图 2.7.5 所示的电路，已知 $E = 8\ V$，$R_1 = 3\ \Omega$，$R_2 = 5\ \Omega$，$R_3 = R_4 = 4\ \Omega$，$R_5 = 0.125\ \Omega$，试应用戴维南定理求电阻 R_5 中的电流 I。

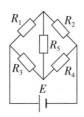

图 2.7.5 例题 2.7.2

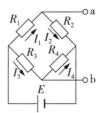

图 2.7.6 求开路电压 U_{ab}

解：（1）将 R_5 所在支路开路去掉，如图 2.7.6 所示，求开路电压 U_{ab}：

$$I_1 = I_2 = \frac{E}{R_1 + R_2} = 1(A) \qquad I_3 = I_4 = \frac{E}{R_3 + R_4} = 1(A)$$

$$U_{ab} = R_2 I_2 - R_4 I_4 = 5 - 4 = E_0 = 1(V)$$

（2）将电压源短路去掉，如图 2.7.7 所示，求等效电阻 R_{ab}：

（3）根据戴维南定理画出等效电路，如图 2.7.8 所示，求电阻 R_5 中的电流：

$$R_{ab} = (R_1 /\!/ R_2) + (R_3 /\!/ R_4) = 1.875 + 2 = r_0 = 3.875(\Omega)$$

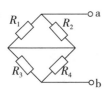

图 2.7.7 求等效电阻 R_{ab}

图 2.7.8 求电阻 R 中的电流 I

三、诺顿定理

任何一个线性有源二端电阻网络，对外电路来说，总可以用一个电流源 I_s 与一个电阻 r_0 相并联的模型来替代。电流源 I_s 等于该二端网络的短路电流，电阻 r_0 等于该二端网络中所有电源不作用时（即令电压源短路、电流源开路）的等效电阻（叫作该二端网络的等效内阻）。该定理又叫作等效电流源定理。

【任务实施】

实训2.7.1　戴维南定理和诺顿定理的验证——有源二端网络等效参数的测定

一、实验目的

(1)验证戴维南定理和诺顿定理的正确性，加深对该定理的理解。

(2)掌握测量有源二端网络等效参数的一般方法。

二、原理说明

(1)任何一个线性含源网络，如果仅研究其中一条支路的电压和电流，则可将电路的其余部分看作是一个有源二端网络(或称为含源一端口网络)。

戴维南定理指出：任何一个线性有源网络，总可以用一个电压源与一个电阻的串联来等效代替，此电压源的电动势 U_s 等于这个有源二端网络的开路电压 U_{oc}，其等效内阻 R_0 等于该网络中所有独立源均置零(理想电压源视为短接，理想电流源视为开路)时的等效电阻。

诺顿定理指出：任何一个线性有源网络，总可以用一个电流源与一个电阻的并联组合来等效代替，此电流源的电流 I_s 等于这个有源二端网络的短路电流 I_{sc}，其等效内阻 R_0 定义同戴维南定理。

$U_{oc}(U_s)$ 和 R_0 或者 $I_{sc}(I_s)$ 和 R_0 称为有源二端网络的等效参数。

(2)有源二端网络等效参数的测量方法。

①开路电压、短路电流法测 R_0。

在有源二端网络输出端开路时，用电压表直接测其输出端的开路电压 U_{oc}，然后再将其输出端短路，用电流表测其短路电流 I_{sc}，则等效内阻为

$$R_0 = \frac{U_{oc}}{I_{sc}}$$

如果二端网络的内阻很小，若将其输出端口短路则易损坏其内部元件，因此不宜用此法。

②伏安法测 R_0。

用电压表、电流表测出有源二端网络的外特性曲线，如图2.7.9所示。根据外特性曲线求出斜率 $\tan\varphi$，则内阻

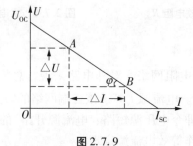

图2.7.9

$$R_0 = \tan\varphi = \frac{\triangle U}{\triangle I} = \frac{U_{oc}}{I_{sc}}$$

也可以先测量开路电压 U_{oc}，再测量电流为额定值 I_N 时的输出端电压值 U_N，则内阻为

$$R_0 = \frac{U_{oc} - U_N}{I_N}$$

（3）半电压法测 R_0。

如图 2.7.10 和图 2.7.11 所示所示，当负载电压为被测网络开路电压的一半时，负载电阻（由电阻箱的读数确定）即为被测有源二端网络的等效内阻值。

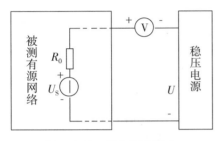
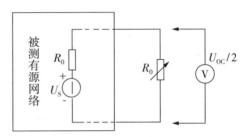

图 2.7.10　半电压法测 R_0　　　　　　图 2.7.11　半电压法测 R_0

三、实验设备

序号	名称	型号与规格	数量	备注
1	直流稳压电源	+12 V	1	
2	可调直流恒流源	0～200 mA	1	
3	直流数字电压表	0～200 V	1	
4	直流数字毫安表	0～2000 mA	1	
5	万用表		1	自备
6	电阻器			R_{02}、R_{03}
7	电位器	1K	1	RP_3

四、实验内容

被测有源二端网络如图 2.7.12（a）。

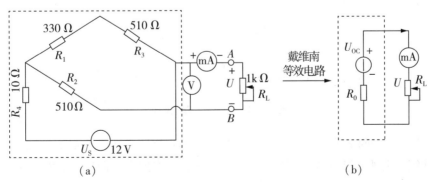

图 2.7.12　戴维南定理的验证

（1）用开路电压、短路电流法测定戴维南等效电路的 U_{oc}、R_0 和诺顿等效电路的 I_{sc}、R_0。按图 2.7.12（a）接入稳压电源 $U_s = 12$ V，不接入 R_L。测出 U_{oc} 和 I_{sc}，并计算出 R_0。（测 U_{oc} 时，不接入 mA 表。）

U_{oc}/V	$R_0 = U_{oc}/I_{sc}$/Ω	I_L/mA

（2）负载实验。

按图 12-4（a）接入 R_L。改变 R_L 阻值，测量有源二端网络的外特性曲线。

U/V								
I/mA								

（3）验证戴维南定理：从电阻箱上取得按步骤（1）所得的等效电阻 R_0 之值，然后令其与直流稳压电源［调到步骤（1）时所测得的开路电压 U_{oc} 之值］相串联，如图 2.7.12（b）所示，仿照步骤（2）测其外特性，对戴维南定理进行验证。

U/V								
I/mA								

（4）验证诺顿定理：从电阻箱上取得按步骤（1）所得的等效电阻 R_0 之值，然后令其与直流恒流源［调到步骤（1）时所测得的短路电流 I_{sc} 之值］相并联，如图 2.7.13 所示，仿照步骤（2）测其外特性，对诺顿定理进行验证。

U/V								
I/mA								

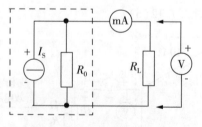

图 2.7.13　诺顿定理的验证

（5）有源二端网络等效电阻（又称入端电阻）的直接测量法，见图 2.7.12（a）。将被测有源网络内的所有独立源置零（去掉电压源 U_s，并在原电压源所接的两点用一根导线相连），然后用伏安法或者直接用万用表的欧姆挡去测定负载 R_L 开路时 A、B 两点间的电阻，此即为被测网络的等效内阻 R_0 或称网络的入端电阻 R_i。

五、实验注意事项

（1）测量时应注意电流表量程的更换。

（2）步骤（5）中，电压源置零时不可将稳压源短接。

（3）用万用表直接测量 R_0 时，网络内的独立源必须先置零，以免损坏万用表。其次，欧姆挡必须经调零后再进行测量。

（4）改接线路时，要关掉电源。

六、预习思考题

（1）在求戴维南或诺顿等效电路时，作短路试验，测 ISC 的条件是什么？在本实验中可否直接作负载短路实验？请实验前对线路 2.7.12（a）预先作好计算，以便调整实验线路及测量时可准确地选取电表的量程。

（2）说明测有源二端网络开路电压及等效内阻的几种方法，并比较其优缺点。

七、实验报告

（1）根据步骤（2）、（3）、（4），分别绘出曲线，验证戴维南定理和诺顿定理的正确性，并分析产生误差的原因。

（2）归纳、总结实验结果。

（3）心得体会及其他。

任务八　最大功率传输定理

【任务描述】

学习负载获得最大传输功率的条件、电源输出功率及效率的关系。

【知识学习】

一、电功率

电功率（简称功率）所表示的物理意义是电路元件或设备在单位时间内吸收或发出的电能。设两端电压为 U、通过电流为 I 的任意二端元件（可推广到一般二端网络）的功率大小为

$$P = UI$$

功率的国际单位制单位为瓦特（W），常用的单位还有毫瓦（mW）、千瓦（kW），它们与 W 的换算关系是

$$1mW = 10^{-3}W ；　1kW = 10^{3}W$$

吸收或发出：一个电路最终的目的是电源将一定的电功率传送给负载，负载将电能转换成工作所需的一定形式的能量。即电路中存在发出功率的器件（供能元件）和吸收功率的器件（耗能元件）。

习惯上，通常把耗能元件吸收的功率写成正数，把供能元件发出的功率写成负数，

而储能元件(如理想电容、电感元件)既不吸收功率也不发出功率,即其功率 $P=0$。

通常所说的功率 P 又叫作有功功率或平均功率。

二、电能

电能是指在一定的时间内电路元件或设备吸收或发出的电能量,用符号 W 表示,其国际单位制为焦耳(J),电能的计算公式为

$$W = P \cdot t = UIt$$

通常电能用千瓦小时(kW·h)来表示大小,也叫作度(电):

$$1 \text{ 度(电)} = 1\text{kW·h} = 3.6 \times 106\text{J}。$$

即功率为 1000W 的供能或耗能元件,在 1h 的时间内所发出或消耗的电能量为 1 度。

【例 2.8.1】有一功率为 60W 的电灯,每天使用它照明的时间为 5h,如果平均每月按 30 天计算,那么每月消耗的电能为多少度?合为多少焦耳?

解:该电灯平均每月工作时间 $t = 5 \times 30 = 150\text{h}$,则

$$W = P \cdot t = 60 \times 150 = 7200(\text{W·h}) = 9(\text{kW·h})$$

即每月消耗的电能为 9 度,约合为 $3.6 \times 10^6 \times 9 \approx 3.2 \times 10^7(\text{J})$。

三、最大功率传输定理

实际电路通常设计来为负载提供功率。如在电子电路系统中,我们经常希望负载能获得最大功率,那么应该满足什么条件才能获得最大功率呢?这就是最大功率传输定理。工程上,常将满足最大功率传输条件的状况称为匹配

对于图 2.8.1(a)所示电压源电路,负载 R 可调,当 R 为何值时 R 可获得最大功率?并求出此最大功率

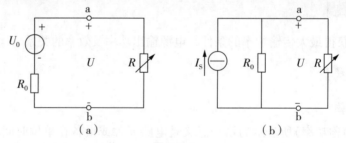

图 2.8.1

负载电阻上的功率为

$$P = I^2 R = \left(\frac{U_0}{R_0 + R} \right)^2 R$$

根据数学理论,可推算出负载获得最大功率的条件。当 R 变化时,负载上要得到最大功率必须满足的条件为

$$\frac{\mathrm{d}p}{\mathrm{d}p} = \frac{\mathrm{d}}{\mathrm{d}R}\left[\left(\frac{U_0}{R_0 + R} \right)^2 R \right] = \frac{U_0^2}{(R_0 + R)^4}\left[(R_0 + R)^2 - 2(R_0 + R)R \right] = 0$$

解得 $R = R_0$。

即当 $R = R_0$ 时,负载上得到的功率最大。将 $R = R_0$ 代入即可得最大功率为

$$P_{\max} = \left(\frac{U}{R_0 + R}\right)^2 R_0 = \frac{U_0^2}{4R_0}$$

用图 2.8.1(b)所示的电流源电路，同样可以在 I_{sc} 和 R_0 为定值的前提下，推得当 $R = R_0$ 时，负载上得到的功率为最大，其最大功率为

$$P_{\max} = \frac{1}{4}R_0 I_{sc}^2$$

可见，用实际的电压源或电流源向负载供电，只有当负载电阻等于电源内阻时，负载上才能获得最大功率。此结论称为最大功率传输定理。

通常把负载电阻等于电源内阻时的电路工作状态称为匹配状态。注意：由于 R_0 为定值，要使负载获得最大功率，必须调节负载电阻 R_L(而不是调节 R_0)才能使电路处于匹配工作状态。然而，负载获得最大功率时电源功率的传输效率却很低($\eta = 50\%$)，也就是说电源产生的功率有一半消耗在电源内都，这种情况在电力系统中是不允许的，电力系统要求高效率地传输电功率，因此应使负载 R_L 远大于 R。而在无线电技术和通信系统中，传输的功率较小，效率属于次要问题，通常要求负载工作在阻抗匹配条件下，以获得最大功率。

【任务实施】

实训 2.8.1　负载获得最大功率的条件

一、实训目的

(1)掌握负载获得最大传输功率的条件。

(2)了解电源输出功率与效率的关系。

二、原理说明

(1)负载获得最大功率的条件

在闭合电路中，电源电动势所提供的功率，一部分消耗在电源的内电阻 r 上，另一部分消耗在负载电阻 R_L 上。数学分析证明：当负载电阻 R_L 和电源内阻 r 相等时，电源输出功率最大(负载获得最大功率 $P_{\max}$)，即当 $R_L = r$ 时，

$$P_{\max} = \left(\frac{U}{r + R_L}\right)^2 R_L = \left(\frac{U}{2R_L}\right)^2 R_L = \frac{U^2}{4R_L}$$

(2)匹配电路的特点及应用

在电路处于"匹配"状态时，负载可以获得最大功率，但电源本身要消耗一半的功率，此时电源的效率只有 50%。显然，这对电力系统的能量传输过程是绝对不允许的。发电机的内阻是很小的，电路传输的最主要指标是要高效率送电，最好是 100% 的将功率均传送给负载。为此负载电阻应远大于电源的内阻，即不允许运行在匹配状态，而在电子技术领域里却完全不同。一般的信号源本身功率较小，且都有较大的内阻，而负载电阻(如扬声器等)往往具有较小的定值，且希望能从电源获得最大的功率输出，而电源的效率往往不予考虑。这种情况通常设法改变负载电阻，或者在信号源与负载之间加阻抗变换器(如音频功放的输出级与扬声器之间的输出变压器)，使电路处于工

作匹配状态，以使负载能获得最大的输出功率，如图 2.8.2 所示。

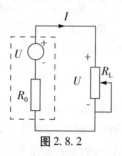

图 2.8.2

三、实训设备

序号	名称	型号规格	数量	备注
1	直流毫安表	0 ~ 2000 mA	1	
2	直流电压表	0 ~ 200 V	1	
3	直流稳压电源	0 ~ 30 V	1	
4	电阻器		若干	R_{10}
5	电位器	1 kΩ	1	RP_3

四、实训内容

负载获得最大功率的条件测量电路如图 2.8.3 所示，图中的电源 U_s 接直流稳压电源，负载 R_L 取自 RP_3。

（1）按图 2.8.3 所示电路连接实训原理电路。

（2）将直流稳压电源输出 10 V 电压接入电路。

（3）设置 $R_0 = 100\ \Omega$，开启稳压电源，令 R_L 在 0 ~ 1 kΩ 变化时，用直流电压表进行测量，分别测出 U_o、U_L 及 I 的值，自拟表格，填入数据。

（4）改变内阻值为 $R_0 = 300\ \Omega$，输出电压 $U_s = 15\ V$，重复上述测量。

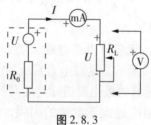

图 2.8.3

五、注意事项

（1）实训前要了解直流电压、电流表的使用与操作方法。

（2）在最大功率附近处可多测量几点。

六、预习与思考题

(1)电力系统进行电能传输时为什么不能工作在匹配工作状态?

(2)实际应用中,电源的内阻是否随负载而变?

(3)电源电压的变化对最大功率传输的条件有无影响?

七、实训报告

(1)根据实训结果,说明负载获得最大功率的条件是什么?

(2)心得体会及其他。

【习题二】

2.1 试求图 2.1 示各电路的等效电阻 R_{ab}(电路中的电阻单位均为欧姆)。

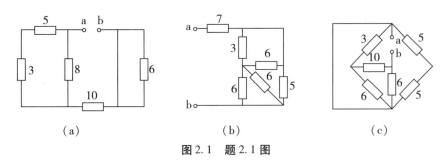

(a)　　　　　　　　(b)　　　　　　　　(c)

图 2.1　题 2.1 图

2.2 如图 2.2 所示电路,已知,$U_s = 80$ V,$R_1 = 6$ kΩ,$R_2 = 4$ kΩ,求当 S 断开时、S 闭合且 $R_3 = 0$ 时,电路参数 U_2 和 I_2。

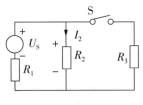

图 2.2　题 2.2 图

2.3 电路如图 2.3 所示,当开关 S 断开或闭合时,分别求电位器滑动端移动时,a 点电位的变化范围。

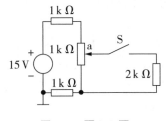

图 2.3　题 2.3 图

2.4 指出图 2.4(a)、(b)两电路各有几个节点? 几条支路? 几个回路? 几个网孔?

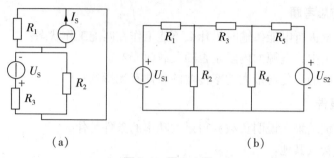

（a） （b）

图 2.4 题 2.4 图

2.5 求图 2.5 所示电路中的未知电流。

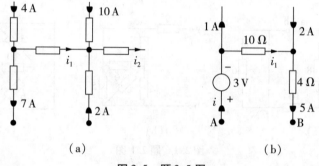

（a） （b）

图 2.5 题 2.5 图

2.6 试用支路电流法求解图 2.6 所示电路中各支路电流。

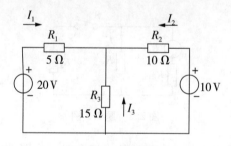

图 2.6 题 2.6 图

2.7 电路如图 2.7 所示，试用支路电流法求各支路电流。

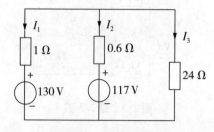

图 2.7 题 2.7 图

2.8 一盏220 V/40 W的日光灯，每天点亮5h，问每月（按30天计算）消耗多少度电？若每度电费为0.45元，问每月需付电费多少元？

2.9 已知一电烙铁铭牌上标出"25 W，220 V"。问电烙铁的额定工作电流为多少？其电阻为多少？

2.10 把一个36 V、15 W的灯泡接到220 V的线路上工作可以吗？把220 V、25W的灯泡接到110 V的线路上工作可以吗？为什么？

2.11 如图2.8所示电路，用电源等效变换法求i、u_{ab}和R。

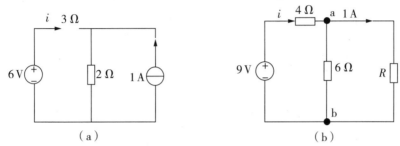

图2.8　题2.11图

2.12 如图2.9所示电路，用电源等效变换法求i。

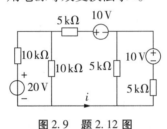

图2.9　题2.12图

2.13 如图2.10所示电路，求i、u_s。

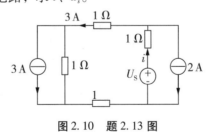

图2.10　题2.13图

2.14 如图2.11所示，试用叠加定理求电压U和电流I。

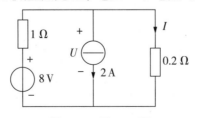

图2.11　题2.14图

2.15 画出图2.12所示电路的戴维南等效电路。

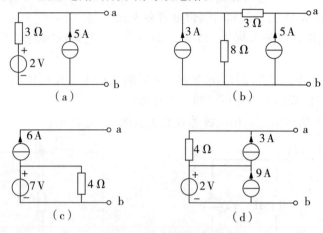

图2.12 题2.15图

2.16 电路如图2.13所示。试用戴维南定理及诺顿定理,计算电流 I。

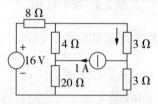

图2.13 题2.16图

2.17 如图2.14所示电路中,(1)电阻 R 为何值时获得最大功率?
(2)求原电路中功率传输效率 η($\eta = R$ 获得的功率/电源产生的功率)?
(3)求戴维南等效电路中功率传输效率。

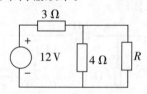

图2.14 题2.17图

项目三 交流电路

任务一 交流电路的特征及 $R-L-C$ 在电路中的特征

【任务描述】

学会正弦交流电路的表示方法、三要素及相量的表示和计算方法，掌握单一正弦交流电路的分析和计算。

【知识学习】

一、正弦交流电

大小及方向均随时间按正弦规律做周期性变化的电流、电压、电动势叫作正弦交流电流、电压、电动势，在某一时刻 t 的瞬时值可用三角函数式（解析式）来表示，即

$$i(t) = I_m \sin(\omega t + \varphi_i)$$
$$u(t) = U_m \sin(\omega t + \varphi_u)$$
$$e(t) = E_m \sin(\omega t + \varphi_e)$$

式中，I_m、U_m、E_m 分别叫作交流电流、电压、电动势的振幅（也叫作峰值或最大值），电流的单位为安培（A），电压和电动势的单位为伏特（V）；ω 叫作交流电的角频率，单位为弧度/秒（rad/s），它表征正弦交流电流每秒内变化的电角度；φ_i、φ_u、φ_e 分别叫作电流、电压、电动势的初相位或初相，单位为弧度 rad 或度（°），它表示初始时刻（$t=0$ 时）正弦交流电所处的电角度。振幅、角频率、初相这三个参数叫作正弦交流电的三要素。任何正弦量都具备三要素。

1. 表征交流电的物理量

（1）周期

正弦交流电完成一次循环变化所用的时间叫作周期，用字母 T 表示，单位为秒（s）。显然正弦交流电流或电压相邻的两个最大值（或相邻的两个最小值）之间的时间间隔即为周期，由三角函数知识可知

$$T = \frac{2\pi}{\omega}$$

（2）频率

交流电周期的倒数叫作频率（用符号 f 表示），即

$$f = \frac{1}{T}$$

它表示正弦交流电流在单位时间内作周期性循环变化的次数,即表征交流电交替变化的速率(快慢)。频率的国际单位制是赫兹(Hz)。角频率与频率之间的关系为

$$\omega = 2\pi f$$

(3)有效值

在电工技术中,有时并不需要知道交流电的瞬时值,而是规定一个能够表征其大小的特定值——有效值,其依据是交流电流和直流电流通过电阻时,电阻都要消耗电能(热效应)。

设正弦交流电流 $i(t)$ 在一个周期 T 时间内,使一电阻 R 消耗的电能为 Q_R,另有一相应的直流电流 I 在时间 T 内也使该电阻 R 消耗相同的电能,即 $Q_R = I^2RT$。就平均对电阻作功的能力来说,这两个电流(i 与 I)是等效的,则该直流电流 I 的数值可以表示交流电流 $i(t)$ 的大小,于是把这一特定的数值 I 称为交流电流的有效值。理论与实验均可证明,正弦交流电流 i 的有效值 I 等于其振幅(最大值)I_m 的 0.707 倍,即

$$I = \frac{I_m}{\sqrt{2}} = 0.707I_m$$

正弦交流电压的有效值为

$$U = \frac{U_m}{\sqrt{2}} = 0.707U_m$$

正弦交流电动势的有效值为

$$U = \frac{E_m}{\sqrt{2}} = 0.707E_m$$

例如,正弦交流电流 $i = 2\sin(\omega t - 30°)$ A 的有效值 $I = 2 \times 0.707 = 1.414$ A,如果交流电流 i 通过 $R = 10\ \Omega$ 的电阻时,在一秒时间内电阻消耗的电能(又叫作平均功率)为 $P = I^2R = 20$ W,即与 $I = 1.414$ A 的直流电流通过该电阻时产生相同的电功率。

我国工业和民用交流电源电压的有效值为 220 V、频率为 50 Hz,因而通常将这一交流电压简称为工频电压。

因为正弦交流电的有效值与最大值(振幅值)之间有确定的比例系数,所以有效值、频率、初相这三个参数也可以合在一起叫作正弦交流电的三要素。

(4)相位和相位差

任意一个正弦量 $y = A\sin(\omega t + \varphi)$ 的相位为 $(\omega t + \varphi)$,此处只涉及两个同频率正弦量的相位差(与时间 t 无关)。设第一个正弦量的初相为 φ_1,第二个正弦量的初相为 φ_2,则这两个正弦量的相位差为:

$$\varphi_{12} = \varphi_1 - \varphi_2$$

并规定:

$|\varphi_{12}| \leqslant 180°$或$|\varphi_{12}| \leqslant \pi$

在讨论两个正弦量的相位关系时:

①当 $\varphi_{12} > 0$ 时,称第一个正弦量比第二个正弦量的相位越前(或超前)φ_{12};

②当 $\varphi_{12} < 0$ 时，称第一个正弦量比第二个正弦量的相位滞后(或落后)$|\varphi_{12}|$；

③当 $\varphi_{12} = 0$ 时，称第一个正弦量与第二个正弦量同相，如图 3.1.1(a)所示；

④当 $\varphi_{12} = \pm\pi$(或 $\pm180°$)时，称第一个正弦量与第二个正弦量反相，如图 3.1.1(b)所示；

⑤当 $\varphi_{12} = \pm\dfrac{\pi}{2}$(或 $\pm90°$)时，称第一个正弦量与第二个正弦量正交。

例如，已知 $u = 311\sin(314t - 30°)$ V，$I = 5\sin(314t + 60°)$ A，则 u 与 i 的相位差为 $\varphi ui = (-30°) - (+60°) = -90°$，即 u 比 i 滞后 $90°$，或 i 比 u 超前 $90°$。

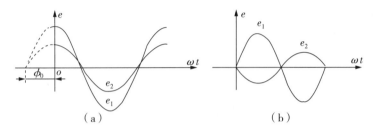

图 3.1.1　相位差的同相与反相的波形

2. 交流电的表示法

(1)解析式表示法

例如，已知某正弦交流电流的最大值是 2 A，频率为 100 Hz，设初相位为 $60°$，则该电流的瞬时解析式为

$$i(t) = I_m\sin(\omega t + \varphi_i) = 2\sin(2\pi ft + 60°) = 2\sin(628t + 60°)\ \text{A}$$

(2)波形图表示法

图 3.1.2 给出了不同初相角的正弦交流电的波形图。

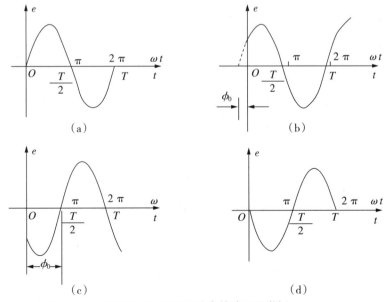

图 3.1.2　正弦交流电的波形图举例

（3）相量图表示法

正弦量可以用振幅相量图或有效值相量图表示，但通常用有效值相量图表示。

振幅相量表示法是用正弦量的振幅值作为相量的模（大小）、用初相角作为相量的幅角，例如，有三个正弦量为

$$e = 60\sin(\omega t + 60°)\,\text{V}$$

$$u = 30\sin(\omega t + 30°)\,\text{V}$$

$$i = 5\sin(\omega t - 30°)\,\text{A}$$

则它们的振幅相量图如图 3.1.3 所示。

有效值相量图表示法是用正弦量的有效值作为相量的模（长度大小）、仍用初相角作为相量的幅角，例如

$$u = 220\sqrt{2}\sin(\omega t + 53°)\,\text{V}, \quad i = 0.41\sqrt{2}\sin(\omega t)\,\text{A}$$

则它们的有效值相量图如图 3.1.4 所示。

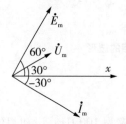
图 3.1.3　正弦量的振幅相量图

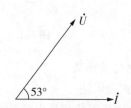
图 3.1.4　正弦量的有效值相量图

（4）相量表示法用复数表示相量的方法。

二、复数

1. 虚数单位

参见图 3.1.5 给出的直角坐标系复数平面。在这个复数平面上定义虚数单位为

$$\text{j} = \sqrt{-1}$$

即

$$\text{j}^2 = -1, \quad \text{j}^3 = -\text{j}, \quad \text{j}^4 = 1$$

虚数单位 j 又叫作 90°旋转因子。

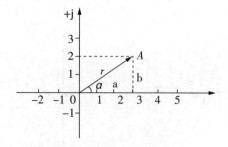
图 3.1.5　在复平面上表示复数

2. 复数的表达式

一个复数 Z 有以下四种表达式。

（1）直角坐标式（代数式）

$$Z = a + jb$$

式中，a 叫作复数 Z 的实部；b 叫作复数 Z 的虚部。

在直角坐标系中，以横坐标为实数轴，纵坐标为虚数轴，这样构成的平面叫作复平面。任意一个复数都可以在复平面上表示出来。例如，复数 $A = 3 + j2$ 在复平面上的表示如图 3.1.5 所示。

（2）三角函数式

在图 3.1.5 中，复数 Z 与 x 轴的夹角为 θ，因此可以写成

$$Z = a + jb = |Z|(\cos\theta + j\sin\theta)$$

式中，$|Z|$ 叫作复数 Z 的模，又称为 Z 的绝对值，也可用 r 表示，即

$$r = |Z| = \sqrt{a^2 + b^2}$$

θ 叫作复数 Z 的辐角，从图 3.1.5 中可以看出

$$\theta \begin{cases} \arctan\dfrac{b}{a} & (a > 0) \\ \pi - \arctan\dfrac{b}{|a|} & (a < 0,\ b > 0) \\ -\pi + \arctan\left|\dfrac{b}{a}\right| & (a < 0,\ b < 0) \end{cases}$$

复数 Z 的实部 a、虚部 b 与模 $|Z|$ 构成一个直角三角形。

（3）指数式

利用欧拉公式，可以把三角函数式的复数改写成指数式，即

$$Z = |Z|(\cos\theta + j\sin\theta) = |Z|e^{j\theta}$$

（4）极坐标式（相量式）

复数的指数式还可以改写成极坐标式，即

$$Z = |Z|\angle\theta$$

以上这四种表达式是可以相互转换的，即可以从任一个式子导出其他三种式子。

【例 3.1.1】将下列复数改写成极坐标式：

（1）$Z_1 = 2$；（2）$Z_2 = j5$；（3）$Z_3 = -j9$；（4）$Z_4 = -10$；（5）$Z_5 = 3 + j4$；（6）$Z_6 = 8 - j6$；（7）$Z_7 = -6 + j8$；（8）$Z_8 = -8 - j6$。

解：利用关系式 $Z = a + jb = |Z|\angle\theta$，$|Z| = \sqrt{a^2 + b^2}$，$\theta = \arctan\dfrac{b}{a}$，计算如下：

（1）$Z_1 = 2 = 2\angle 0°$

（2）$Z_2 = j5 = 5\angle 90°$（j 代表 90°旋转因子，即将"5"作反时针旋转 90°）

（3）$Z_3 = -j9 = 9\angle -90°$（-j 代表 -90°旋转因子，即将"9"作顺时针旋转 90°）

（4）$Z_4 = -10 = 10\angle 180°$ 或 $10\angle -180°$（"-"号代表 ±180°）

（5）$Z_5 = 3 + j4 = 5\angle 53.1°$

（6）$Z_6 = 8 - j6 = 10\angle -36.9°$

（7）$Z_7 = -6 + j8 = -(6 - j8) = -(10 \angle -53.1°) = 10 \angle 180° - 53.1° = 10 \angle 126.9°$

（8）$Z_8 = -8 - j6 = -(8 + j6) = -(10 \angle 36.9°) = 10 \angle -180° + 36.9° = 10 \angle -143.1°$。

【例 3.1.2】 将下列复数改写成代数式（直角坐标式）：

（1）$Z_1 = 20 \angle 53.1°$；（2）$Z_2 = 10 \angle -36.9°$；（3）$Z_3 = 50 \angle 120°$；（4）$Z_4 = 8 \angle -120°$

解： 利用关系式 $Z = |Z| \angle \theta = |Z|(\cos\theta + j\sin\theta) = a + jb$ 计算：

$Z_1 = 20 \angle 53.1° = 20(\cos53.1° + j\sin53.1°) = 20(0.6 + j0.8) = 12 + j16$

$Z_2 = 10 \angle -36.9° = 10(\cos36.9° - j\sin36.9°) = 10(0.8 - j0.6) = 8 - j6$

$Z_3 = 50 \angle 120° = 50(\cos120° + j\sin120°) = 50(-0.5 + j0.866) = -25 + j43.3$

$Z_4 = 8 \angle -120° = 8(\cos120° - j\sin120°) = 8(-0.5 - j0.866) = -4 - j6.928$

3. 复数的四则运算

设 $Z_1 = a + jb = |Z_1| \angle \alpha$，$Z_2 = c + jd = |Z_2| \angle \beta$，复数的运算规则为：

加减法：

$$Z_1 \pm Z_2 = (a \pm c) + j(b \pm d)$$

乘法：

$$Z_1 \cdot Z_2 = |Z_1| \cdot |Z_2| \angle \alpha + \beta$$

除法：

$$\frac{Z_1}{Z_2} = \frac{|Z_1|}{|Z_2|} \angle \alpha - \beta$$

乘方：

$$Z_1^n = |Z_1|^n \angle n\alpha$$

【例 3.1.3】 已知 $Z_1 = 8 - j6$，$Z_2 = 3 + j4$。试求：（1）$Z_1 + Z_2$；（2）$Z_1 - Z_2$；（3）$Z_1 \cdot Z_2$；（4）$Z_1 \angle Z_2$。

解： （1）$Z_1 + Z_2 = (8 - j6) + (3 + j4) = 11 - j2 = 11.18 \angle -10.3°$

（2）$Z_1 - Z_2 = (8 - j6) - (3 + j4) = 5 - j10 = 11.18 \angle -63.4°$

（3）$Z_1 \cdot Z_2 = (10 \angle -36.9°) \times (5 \angle 53.1°) = 50 \angle 16.2°$

（4）$Z_1 / Z_2 = (10 \angle -36.9°) \div (5 \angle 53.1°) = 2 \angle -90°$

三、正弦量的复数表示法——相量

正弦量可以用复数表示，即用振幅相量或有效值相量表示，但通常用有效值相量表示。其表示方法是用正弦量的有效值作为复数相量的模、用初相角作为复数相量的辐角。

正弦电流 $i = I_m \sin(\omega t + \varphi_i)$ 的相量表达式为

$$\dot{I} = \frac{I_m}{\sqrt{2}} \angle \varphi_i = I \angle \varphi_i$$

正弦电压 $u = U_m \sin(\omega t + \varphi_u)$ 的相量表达式为

$$\dot{U} = \frac{U_m}{\sqrt{2}} \angle \varphi_u = U \angle \varphi_u$$

【例 3.1.4】 把正弦量 $u = 311\sin(314t + 30°)$ V，$i = 4.24\sin(314t - 45°)$ A 用相量

表示。

解:

(1)正弦电压 u 的有效值为 $U = 0.7071 \times 311 = 220$ V，初相 $\varphi_u = 30°$，所以它的相量为

$$\dot{U} = U \angle \varphi_u = 220/30°(\text{V})$$

(2)正弦电流 i 的有效值为 $I = 0.7071 \times 4.24 = 3$ A，初相 $\varphi_i = -45°$，所以它的相量为

$$\dot{I} = I \angle \varphi_i = 3 \angle -45°(\text{A})$$

【例 3.1.5】把下列正弦相量用三角函数的瞬时值表达式表示，设角频率均为 ω，求 (1) $\dot{U} = 120 \angle -37°V$；(2) $\dot{I} = 5 \angle 60°A$。

解:

$$u = 120\sqrt{2}\sin(\omega t - 37°)\text{V}, \quad i = 5\sqrt{2}\sin(\omega t + 60°)\text{A}。$$

【例 3.1.6】已知 $i_1 = 3\sqrt{2}\sin(\omega t + 30°)$A，$i_2 = 4\sqrt{2}\sin(\omega t - 60°)$A。试求：$i_1 + i_2$。

解:首先用复数相量表示正弦量 i_1、i_2，即

$$\dot{I}_1 = 3 \angle 30°A = 3(\cos 30° + j\sin 30°) = 2.598 + j1.5 = (\text{A})$$

$$\dot{I}_2 = 4 \angle -60°A = 4(\cos 60° - j\sin 60°) = 2 - j3.464 (\text{A})$$

然后作复数加法：

$$\dot{I}_1 + \dot{I}_2 = 4.598 - j1.964 = 5 \angle -23.1°(\text{A})$$

最后将结果还原成正弦量：

$$i_1 + i_2 = 5\sqrt{2}\sin(\omega t - 23.1°)(\text{A})$$

四、复数形式的欧姆定律

1. 复数形式的欧姆定律

定义复阻抗为

$$Z = \frac{\dot{U}}{\dot{I}} = |Z| \angle \varphi$$

其中，$|Z| = \dfrac{U}{I}$ 为阻抗大小，$\varphi = \varphi_u - \varphi_i$ 为阻抗角，即电压 u 与电流 i 的相位差。则复数形式的欧姆定律为

$$\dot{I} = \frac{\dot{U}}{Z}$$

图 3.1.6 所示为复数形式的欧姆定律的示意图。

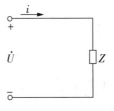

图 3.1.6 复数形式的欧姆定律

2. 电阻、电感和电容的复阻抗

(1)电阻 R 的复阻抗

$$Z_R = R = R \angle 0°$$

$$\dot{U}_R = R\dot{I}_R$$

（2）电感 L 的复阻抗

$$Z_L = X_L \angle 90° = jX_L = j\omega L$$

$$\dot{U}_L = Z_L \dot{I}_L = jX_L \dot{I}_L = j\omega L \dot{I}_L$$

（3）电容 C 的复阻抗

$$Z_C = X_C \angle -90° = -jX_C = -j\frac{1}{\omega C}$$

$$\dot{U}_C = Z_C \dot{I}_C = -jX_C \dot{I}_C = -j\frac{1}{\omega C}\dot{I}_C$$

五、复阻抗的连接

1. 阻抗的串联

如图 3.1.7 所示阻抗串联电路。

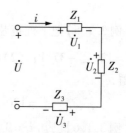

n 个复阻抗串联可以等效成一个复阻抗

$$Z = Z_1 + Z_2 + \cdots + Z_n$$

例如，$R-L-C$ 串联电路可以等效一只阻抗 Z，根据 $Z_R = R$，有

图 3.1.7　阻抗串联电路

$$Z_L = jX_L, \ Z_C = -jX_C$$

则

$$Z = Z_R + Z_L + Z_C = R + j(X_L - X_C) = R + j(\omega L - \frac{1}{\omega C})$$

$$= R + jX = |Z| e^{j\varphi}$$

即

$$Z = |Z| \angle \varphi$$

其中电抗 $X = X_L - X_C$，阻抗大小为

$$|Z| = \sqrt{R^2 + X^2} = \sqrt{R^2 + (X_L - X_C)^2}$$

φ 为阻抗角，代表路端电压 u 与电流 i 的相位差，即

$$\varphi = \varphi_u - \varphi_i = \arctan\frac{X}{R}$$

【例 3.1.7】在 $R-L$ 串联电路中，已知 $R = 3\ \Omega$，$L = 12.7\ \text{mH}$，设外加工频电压 $u = 220\sqrt{2}\sin(314t + 30°)\text{V}$。

试求：电阻和电感上的电压瞬时值 u_R、u_L。

解： 等效复阻抗 $Z = Z_R + Z_L = R + jX_L = R + j\omega L = 3 + j4 = 5 \angle 53.1°\ \Omega$，其中 $X_L = 4\ \Omega$，正弦交流电压 u 的相量为 $\dot{U} = 220 \angle 30°\text{V}$，电路中电流相量为

$$\dot{I} = \frac{\dot{U}}{Z} = \frac{220}{5} \angle 30° - 53.1° = 44 \angle -23.1°(\text{A})$$

电阻上的电压相量和瞬时值分别为

$$\dot{U}_R = R\dot{I}_R = 132 \angle -23.1°(\text{V})$$

$$u_R = 132\sqrt{2}\sin(314t - 23.1°)(\text{V})$$

电感上的电压相量和瞬时值分别为

$$\dot{U}_L = Z_L \dot{I}_L = jX_L \dot{I}_L = 176 \angle 90 - 23.1° = 176 \angle 66.9°(\text{V})$$

$$u_L = 176\sqrt{2}\sin(314t + 66.9°)(\text{V})$$

2. 阻抗的并联

阻抗并联电路如图 3.1.8 所示。

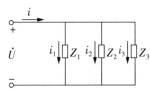

n 只阻抗 Z_1、Z_2、$\cdots$、Z_n 并联电路，对电源来说可以等效为一只阻抗，即

$$\frac{1}{Z} = \frac{1}{Z_1} + \frac{1}{Z_2} + \cdots + \frac{1}{Z_n}$$

图 3.1.8 阻抗并联电路

即等效复阻抗 Z 的倒数，等于各个复阻抗的倒数之和。

为便于表达阻抗并联电路，定义复阻抗 Z 的倒数叫作复导纳，用符号 Y 表示，即

$$Y = \frac{1}{Z}$$

导纳 Y 的单位为西门子(S)。于是有

$$Y = Y_1 + Y_2 + \cdots + Y_n$$

即几只并联导纳的等效导纳 Y 等于所有导纳之和。

欧姆定律的相量形式为

$$\dot{U} = Z\dot{I} \text{ 或者 } \dot{I} = Y\dot{U}$$

【例 3.1.8】两个复阻抗分别是 $Z_1 = (10 + j20)\Omega$，$Z_2 = (10 - j10)\Omega$，并联后接在 $u = 220\sqrt{2}\sin(\omega t)\text{V}$ 的交流电源上，试求：电路中的总电流 I 和它的瞬时值表达式 i。

解： 由 $Z_1 = (10 + j20)\Omega$ 可得

$$|Z_1| = \sqrt{10^2 + 20^2} = 22.36(\Omega), \quad \varphi_1 = \arctan = \frac{20}{10} = 63.4°$$

由 $Z_2 = (10 - j10)\Omega$ 可得

$$|Z_2| = \sqrt{10^2 + 10^2} = 14.14(\Omega), \quad \varphi_2 = -\arctan = \frac{10}{10} = -45°$$

即

$$Z_1 = 10 + j20 = 22.36 \angle 63.4°(\Omega), \quad Z_2 = 10 - j10 = 14.14 \angle -45°(\Omega)$$

由 $\frac{1}{Z} = \frac{1}{Z_1} + \frac{1}{Z_2}$ 可得并联后的等效复阻抗为

$$Z = \frac{Z_1 Z_2}{Z_1 + Z_2} = \frac{(22.36 \angle 63.4°) \times (14.14 \angle -45°)}{(10 + j20) + (10 - j10)} = \frac{316.17 \angle 18.4°}{22.36 \angle 26.6°} = 14.14 \angle -8.2°(\Omega)$$

于是总电流的相量

$$\dot{I} = \frac{\dot{U}}{Z} = \frac{220 \angle 0°}{14.14 \angle -8.2°} = 15.6 \angle 8.2°(\text{A})$$

即 $I = 15.6 A$。总电流瞬时值表达式为

$$i = 15.6\sqrt{2}\sin(\omega t + 8.2°)(\text{A})$$

六、单一参数的正弦交流电路

1. 纯电阻电路

只含有电阻元件的交流电路叫作纯电阻电路，如含有白炽灯、电炉、电烙铁等电路。

（1）电压、电流的瞬时值关系。

电阻与电压、电流的瞬时值之间的关系服从欧姆定律。设加在电阻 R 上的正弦交流电压瞬时值为 $u = U_{\mathrm{m}}\sin(\omega t)$，则通过该电阻的电流瞬时值为

$$i = \frac{u}{R} = \frac{U_{\mathrm{m}}}{R}\sin(\omega t) = I_{\mathrm{m}}\sin(\omega t)$$

其中

$$I_{\mathrm{m}} = \frac{U_{\mathrm{m}}}{R}$$

式中，I_{m} 是正弦交流电流的振幅。这说明，正弦交流电压和电流的振幅之间满足欧姆定律。

（2）电压、电流的有效值关系。

电压、电流的有效值关系又叫作大小关系。由于纯电阻电路中正弦交流电压和电流的振幅值之间满足欧姆定律，因此把等式两边同时除以 $\sqrt{2}$，即得到有效值关系，即

$$I = \frac{U}{R} \text{或 } U = RI$$

这说明，正弦交流电压和电流的有效值之间也满足欧姆定律。

（3）相位关系。

电阻的两端电压 u 与通过它的电流 i 同相，其波形图和相量图如图 3.1.9 所示。

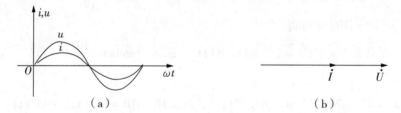

（a） （b）

图 3.1.9　电阻电压 u 与电流 i 的相量关系波形图和相量图

【例 3.1.9】 在纯电阻电路中，已知电阻 $R = 43.98\ \Omega$，交流电压 $u = 311\sin(314t + 30°)\,\mathrm{V}$，求通过该电阻的电流大小？并写出电流的解析式。

解： 解析式 $i = \frac{u}{R} = 7.071\sin(314t + 30°)\,(\mathrm{A})$，大小（有效值）为 $I = \frac{7.07}{\sqrt{2}} = 5\,(\mathrm{A})$

2. 纯电感电路

（1）基本概念：反映电感对交流电流阻碍作用程度的参数叫作感抗。纯电感电路中通过正弦交流电流的时候，所呈现的感抗为

$$X_L = \omega L = 2\pi f L$$

式中，自感系数 L 的国际单位制是亨利（H），常用的单位还有毫亨（mH）、微亨（μH），纳亨（nH）等，它们与 H 的换算关系为

$$1mH = 10^{-3}H，1\mu H = 10^{-6}H，1nH = 10^{-9}H$$

如果线圈中不含有导磁介质，则叫作空心电感或线性电感，线性电感 L 在电路中是一常数，与外加电压或通电电流无关。如果线圈中含有导磁介质时，则电感 L 将不是常数，而是与外加电压或通电电流有关的量，这样的电感叫作非线性电感，例如铁心电感。

线圈在电路中的作用就是"通直流、阻交流"，"通低频、阻高频"分别称作"低频扼流圈"、"高频扼流圈"。

（2）电感电流与电压的关系

电感电流与电压的大小关系为

$$I = \frac{U}{X_L}$$

显然，感抗与电阻的单位相同，都是欧姆（Ω）。

（3）电感电流与电压的相位关系

电感电压比电流超前 $90°$（或 $\pi/2$），即电感电流比电压滞后 $90°$，如图 3.1.10 所示。

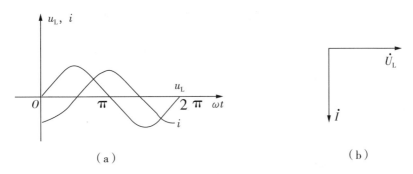

$（a）$ $（b）$

图 3.1.10   电感电压与电流的波形图与相量图

【例 3.1.10】已知一电感 $L = 80$ mH，外加电压 $u_L = 50\sqrt{2}\sin(314t + 65°)$ V。试求：（1）感抗 X_L；（2）电感中的电流 I_L；（3）电流瞬时值 i_L。

解：（1）电路中的感抗为 $X_L = \omega L = 314 \times 0.08 \approx 25（\Omega）$。

（2）$I_L = \frac{U_L}{X_L} = \frac{50}{25} = 2（A）$。

（3）电感电流 i_L 比电压 u_L 滞后 $90°$，则

$$i_L = 2\sqrt{2}\sin(314t - 25°)（A）$$

3. 纯电容电路

（1）容抗

反映电容对交流电流阻碍作用程度的参数叫作容抗。容抗按下式计算

$$X_L = \frac{1}{\omega C} = \frac{1}{2\pi fC}$$

容抗和电阻、感抗的单位一样，也是欧姆(Ω)。

可见，在电路中，电容的作用是"通交流、隔直流"，"通高频、阻低频"，分别用做"隔直电容器"、"高频旁路电容器"(也即滤除高频)。

(2)电流与电压的关系

电流与电压的大小关系为

$$I = \frac{U}{X_c}$$

(3)相位关系

电容电流比电压超前90°(或 $\pi/2$)，即电容电压比电流滞后90°，如图3.1.11所示。

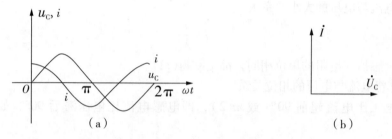

图 3.1.11　电容电压与电流的波形图与相量图

【例3.1.11】已知一电容 $C = 127\ \mu F$，外加正弦交流电压 $u_c = 20\sqrt{2}\sin(314t + 20°)\,V$，试求：(1)容抗 X_c；(2)电流大小 I_c；(3)电流瞬时值 i_c

解：

(1) $X_c = \dfrac{1}{\omega C} = 25(\Omega)$。

(2) $I_c = \dfrac{U}{X_c} = \dfrac{20}{25} = 0.8(A)$。

(3)电容电流比电压超前90°，则 $i_c = 0.8\sqrt{2}\sin(314t + 110°)(A)$。

4. 电阻、电感、电容电路的功率

交流电路中，为了可以计量，将瞬时功率一个周期内的平均值称为平均功率，工程上又称有功功率，它表示电路中元件消耗的电能量，用 P 表示，单位为瓦特(W)。储能元件(如电容、电感)在电路中并不消耗能量，其有功功率为零，它只是和与外电路进行能量交换，因此引入无功功率来表示这部分能量，用 Q 表示，单位为乏尔(var)。另外，还引入视在功率 S 来表示功率容量，S 的单位为伏安(VA)。

$$P = UI\cos\varphi,\ Q_R = UI\sin\varphi,\ S = UI = \sqrt{P^2 + Q^2}$$

式中，U、I 为正弦交流电的有效值，φ 为 u、i 之间的相位差。

(1)纯电阻电路的功率

在纯电阻电路中，由于电压与电流同相，即相位差 $\varphi = 0$，

有功功率

$$P_R = UI\cos\varphi = UI = I^2 R = \frac{U^2}{R}$$

无功功率

$$Q_R = UI\sin\varphi = 0$$

视在功率

$$S = \sqrt{p^2 + Q^2} = P_R$$

即纯电阻电路消耗功率（能量）而不储存功率。

（2）纯电感电路的功率

在纯电感电路中，由于电压比电流超前$90°$，即电压与电流的相位差$\varphi = 90°$，则有功功率

$$P_L = UI\cos\varphi = 0$$

无功功率

$$Q_L = UI\sin\varphi = I^2 X_L = \frac{U^2}{X_L}$$

视在功率

$$S = \sqrt{p^2 + Q^2} = Q_L$$

即纯电感电路不消耗功率（能量）而是储存能量，电感与电源之间进行着可逆的能量转换。

（3）纯电容电路的功率

在纯电容电路中，由于电压比电流滞后$90°$，即电压与电流的相位差$\varphi = -90°$，则有功功率

$$P_C = UI\cos\varphi = 0$$

无功功率

$$Q_C = UI = I^2 X_C = \frac{U^2}{X_C}$$

视在功率

$$S = \sqrt{p^2 + Q^2} = Q_C$$

即纯电容电路也不消耗功率（能量）而是储存能量，电容与电源之间进行着可逆的能量转换。

【任务实施】

实训3.1.1　电感器和电容器在直流电路中和正弦交流电路中的特征

一、实训目的

研究电感元件和电容元件在直流电路和正弦交流电路中的不同特性。

二、原理说明

原理说明分别如图 3.1.12、图 3.1.13、图 3.1.14 所示。

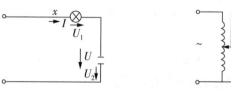

图 3.1.12　直流电路电

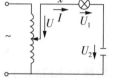

图 3.1.13　正弦交流电路

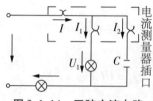

图 3.1.14　正弦交流电路

三、实训设备

序号	名称	型号与规格	数量	备注
1	直流电压表	0 ~ 200 V	1	屏上
2	直流电流表	0 ~ 2000 mA	1	屏上
3	交流电压表	0 ~ 500 V	1	屏上
4	交流电流表	0 ~ 5 A	1	屏上
5	直流可调稳压电源	0 ~ 250 V	1	屏上
6	单相交流可调电源	0 ~ 250 V	1	屏上
7	白炽灯组负载	25W/220 V	3	HL5
8	电感线圈	15W 镇流器	1	L_{04}
9	电容器	1μF/500 V，4μF/500 V	各 1	C_{08}、C_{09}
10	电流插座		1	

四、实训内容

(1)按图 3.1.12 连接实训电路，其中灯泡为 25 W 白炽灯泡，电容 C 为 4 μF/500 V 电容。调节输出电压，使直流输出 U = 100 V。连入和短接 4 μF/500 V 电容，观察灯泡亮度变化，并用直流电表测量电流电压。自制表格记录。

(2)按图 3.1.13 接线，使调压器输出的交流电压为 100 V，连入和短接 4 μF/500 V 电容，观察灯泡亮度的变化，用交流电表测量电流和电压，自制表格记录。

(3)将图 3.1.12 和图 3.1.13 中的电容 C 换成电感 L(镇流器 L_{04})，重复，(1)、

（2）中的实训内容。

（4）按图 3.1.14 接线，灯泡为 25 W 白炽灯泡，电容 C 为 4 μF/500 V 电容，电压取交流 100 V，测量各支路电流及各段电压，填入表 3.1.1 中。

表 3.1.1　测量记录表

测量项目	U/V	U_1/V	U_2/V	I/A	I_1/A	I_2/A
数据						

五、实训注意事项

每次改接线路都必须先断开电源。

六、预习思考题

电容、电感在直流电路和交流电路中有何特性？

七、实训报告

（1）简述电容、电感在直流电路和交流电路中的作用。

（2）心得体会及其他。

任务二　$R-L-C$ 串并联交流电路的研究

【任务描述】

（1）掌握电阻、电感、电容元件的交流特性及串联电路与并联电路的分析方法。

（2）理解交流电路中有功功率、无功功率、视在功率以及功率因数的概念。

【知识学习】

一、电阻、电感、电容的串联电路

1. $R-L-C$ 串联电路的电压关系

由电阻、电感、电容相串联构成的电路叫作 $R-L-C$ 串联电路，如图 3.2.1 所示。

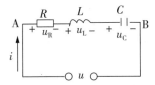

图 3.2.1　$R-L-C$ 串联电路

设电路中电流为 $i = I_m \sin(\omega t)$，则根据 $R-L-C$ 的基本特性可得各元件的两端电压：

$$u_R = R I_m \sin(\omega t)，u_L = X_L I_m \sin(\omega t + 90°)，u_C = X_C I_m \sin(\omega t - 90°)$$

根据基尔霍夫电压定律（KVL），在任一时刻总电压 u 的瞬时值为

$$u = u_R + u_L + u_C$$

作出相量图，如图 3.2.2 所示，并得到各电压之间的大小关系为

$$U = \sqrt{U_R^2 + (U_L - U_C)^2}$$

上式又称为电压三角形关系式。

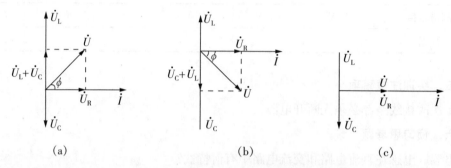

(a)   (b)   (c)

图 3.2.2 $R - L - C$ 串联电路的相量图

2. $R - L - C$ 串联电路的阻抗

$R - L - C$ 串联电路可以等效为阻抗 Z，根据 $Z_R = R$，$Z_L = jX_L$，$Z_C = -jX_C$，则

$$Z = Z_R + Z_L + Z_C = R + j(X_L - X_C) = R + j\left(\omega L - \frac{1}{\omega C}\right)$$

$$= R + jX = |Z| e^{j\varphi}$$

即

$$Z = |Z| \angle \varphi$$

由于 $U_R = RI$，$U_L = X_L I$，$U_C = X_C I$，可得

$$U = \sqrt{U_R^2 + (U_L - U_C)^2} = I\sqrt{R^2 + (X_L - X_C)^2}$$

令

$$|Z| = \frac{U}{I} = \sqrt{R^2 + (X_L - X_C)^2} = \sqrt{R^2 + X^2}$$

上式称为阻抗三角形关系式，$|Z|$ 叫作 $R - L - C$ 串联电路的阻抗，其中 $X = X_L - X_C$ 叫作电抗。阻抗和电抗的单位均是欧姆（Ω）。阻抗三角形的关系如图 3.2.3 所示。

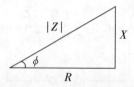

图 3.2.3 $R - L - C$ 串联电路的阻抗三角形

由相量图可以看出总电压与电流的相位差为

$$\varphi = \arctan \frac{U_L - U_C}{U_R} = \arctan \frac{X_L - X_C}{R} = \arctan \frac{X}{R}$$

式中，φ 叫作阻抗角。

其中，电抗 $X = X_L - X_C$，阻抗大小为

$$|Z| = \sqrt{R^2 + X^2} = \sqrt{R^2 + (X_L - X_C)^2}$$

φ 为阻抗角，代表路端电压 u 与电流 i 的相位差，即

$$\varphi = \varphi_u - \varphi_i = \arctan \frac{X}{R}$$

3. R – L – C 串联电路的性质

根据总电压与电流的相位差（即阻抗角 φ）为正、为负、为零三种情况，将电路分为三种性质。

(1)感性电路：当 $X > 0$ 时，即 $X_L > X_C$，$\varphi > 0$，电压 u 比电流 i 超前 φ，称电路呈感性。

(2)容性电路：当 $X < 0$ 时，即 $X_L < X_C$，$\varphi < 0$，电压 u 比电流 i 滞后 $|\varphi|$，称电路呈容性。

(3)谐振电路：当 $X = 0$ 时，即 $X_L = X_C$，$\varphi = 0$，电压 u 与电流 i 同相，称电路呈电阻性，电路处于这种状态时，叫作谐振状态。

【例3.2.1】在 R – L – C 串联电路中，交流电源电压 $U = 220$ V，频率 $f = 50$ Hz，$R = 30\ \Omega$，$L = 445$ mH，$C = 32\ \mu$F。试求：(1)电路中的电流大小 I；(2)总电压与电流的相位差 φ；(3)各元件上的电压 U_R、U_L、U_C。

解：(1)$X_L = 2\pi f L \approx 140\ \Omega$，$X_C = \dfrac{1}{2\pi f C} \approx 100\ \Omega$，$|Z| = \sqrt{R^2 + (X_L - X_C)^2}$，则 $I = \dfrac{U}{|Z|} = 4.4(A)$。

(2)$\varphi = \arctan \dfrac{X_L - X_C}{R} = \arctan \dfrac{40}{30} = 53.1°$，即总电压比电流超前 $53.1°$，电路呈感性。

(3)$U_R = RI = 132(V)$，$U_L = X_L I = 616(V)$，$U_C = X_C I = 440(V)$。

本例题中电感电压、电容电压都比电源电压大，在交流电路中各元件上的电压可以比总电压大，这是交流电路与直流电路特性不同之处。

4. R – L 串联与 R – C 串联电路

(1)R – L 串联电路

只要将 R – L – C 串联电路中的电容 C 短路去掉，即令 $X_C = 0$，$U_C = 0$，则有关 R – L – C 串联电路的公式完全适用于 R – L 串联电路。

【例3.2.2】在 R – L 串联电路中，已知电阻 $R = 40\ \Omega$，电感 $L = 95.5$ mH，外加频率为 $f = 50$ Hz、$U = 200$ V 的交流电压源，试求：(1)电路中的电流 I；(2)各元件电压 U_R、U_L；(3)总电压与电流的相位差 φ。

解：(1)$X_L = 2\pi f L \approx 30(\Omega)$，$|Z| = \sqrt{R^2 + X_L^2} = 50(\Omega)$，则 $I = \dfrac{U}{|Z|} = 4(A)$

(2)$U_R = RI = 160(V)$，$U_L = X_L I = 120(V)$，显然 $U = \sqrt{U_R^2 + U_L^2}$。

(3)$\varphi = \arctan \dfrac{X_L}{R} = \arctan \dfrac{30}{40} = 36.9°$，即总电压 u 比电流 i 超前 $36.9°$，电路呈

感性。

（2）$R-C$ 串联电路

只要将 $R-L-C$ 串联电路中的电感 L 短路去掉，即令 $X_L=0$，$U_L=0$，则有关 $R-L-C$ 串联电路的公式完全适用于 $R-C$ 串联电路。

【例3.2.3】在 $R-C$ 串联电路中，已知：电阻 $R=60\ \Omega$，电容 $C=20\ \mu F$，外加电压为 $u=141.2\sin628t\text{V}$。试求：（1）电路中的电流 I；（2）各元件电压 U_R、U_C；（3）总电压与电流的相位差 φ。

解：（1）由 $X_C=\dfrac{1}{\omega C}=80(\Omega)$，$|Z|=\sqrt{R^2+X_C^2}=100(\Omega)$，$U=\dfrac{141.2}{\sqrt{2}}=100(\text{V})$，则电流为

$$I=\frac{U}{|Z|}=1(\text{A})$$

（2）$U_R=RI=60(\text{V})$，$U_C=X_CI=80(\text{V})$，显然 $U=\sqrt{U_R^2+U_C^2}$。

（3）$\varphi=\arctan\left(-\dfrac{X_C}{R}\right)=\arctan\left(-\dfrac{80}{60}\right)=-53.1$，即总电压比电流滞后53.1°，电路呈容性。

二、电阻、电感、电容的并联电路

1. $R-L-C$ 并联电路的电流关系

由电阻、电感、电容相并联构成的电路叫作 $R-L-C$ 并联电路。如图3.2.4所示。

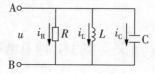

图3.2.4 $R-L-C$ 并联电路

设电路中电压为 $u=U_m\sin(\omega t)$，则根据 $R-L-C$ 的基本特性可得各元件中的电流：

$$i_R=\frac{U_m}{R}\sin(\omega t),\ i_L=\frac{U_m}{X_L}\sin\left(\omega t-\frac{\pi}{2}\right),\ i_C=\frac{U_m}{X_C}\sin\left(\omega t+\frac{\pi}{2}\right)$$

根据基尔霍夫电流定律（KCL），在任一时刻总电流 i 的瞬时值为

$$i=i_R+i_L+i_C$$

作出相量图，如图3.2.5所示，并得到各电流之间的大小关系。

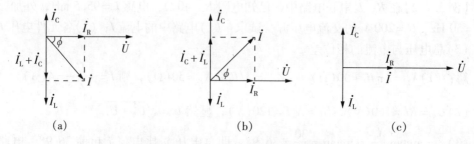

（a） （b） （c）

图3.2.5 $R-L-C$ 并联电路的相量图

从相量图中不难得到

$$I = \sqrt{I_R^2 + (I_C - I_L)^2} = \sqrt{I_R^2 + (I_L - I_C)^2}$$

上式称为电流三角形关系式。

2. $R - L - C$ 并联电路的导纳与阻抗

在 $R - L - C$ 并联电路中，有

$$I_R = \frac{U}{R} = GU, \ I_L = \frac{U}{X_L} = B_L U, \ I_C = \frac{U}{X_C} = B_C U$$

其中，$B_L = \frac{1}{X_L}$，叫作感纳、$B_C = \frac{1}{X_C}$，叫作容纳，单位均为西门子（S）。于是有

$$I = \sqrt{I_R^2 + (I_C - I_L)^2} = U \sqrt{G^2 + (B_C - B_L)^2}$$

令 $|Y| = \frac{1}{U}$，则有

$$|Y| = \sqrt{G^2 + (B_C - B_L)^2} = \sqrt{G^2 + B^2}$$

上式称为导纳三角形关系式，式中 $|Y|$ 叫作 $R - L - C$ 并联电路的导纳，其中 $B = B_C - B_L$ 叫作电纳，单位均是西门子（S）。导纳三角形的关系如图 3.2.6 所示。

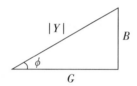

图 3.2.6　$R - L - C$ 并联电路的导纳三角形

电路的等效阻抗为

$$|Z| = \frac{U}{I} = \frac{1}{|Y|} = \frac{1}{\sqrt{G^2 + B^2}}$$

由相量图可以看出总电流 i 与电压 u 的相位差为

$$\varphi' = \arctan \frac{I_C - I_L}{I_R} = \arctan \frac{B_C - B_L}{G} = \arctan \frac{B}{G}$$

式中，φ' 叫作导纳角。

由于阻抗角 φ 是电压与电流的相位差，因此有

$$\varphi = -\varphi' = -\arctan \frac{B}{G}$$

七、正弦交流电路功率的基本概念

1. 瞬时功率 p

设正弦交流电路的总电压 u 与总电流 i 的相位差（即阻抗角）为 φ，则电压与电流的瞬时值表达式为

$$u = U_m \sin(\omega t + \varphi), \ i = I_m \sin(\omega t)$$

瞬时功率为

$$p = ui = U_m I_m \sin(\omega t + \varphi) \sin(\omega t)$$

利用三角函数关系式 $\sin(\omega t + \varphi) = \sin(\omega t)\cos\varphi + \cos(\omega t)\sin\varphi$ 可得

$$P = U_{\mathrm{m}}I_{\mathrm{m}}\left[\sin(\omega t)\cos\varphi + \cos(\omega t)\sin\varphi\right]\sin(\omega t)$$

$$= U_{\mathrm{m}}I_{\mathrm{m}}\left[\sin^2(\omega t)\cos\varphi + \sin(\omega t)\cos(\omega t)\sin\varphi\right]$$

$$= U_{\mathrm{m}}I_{\mathrm{m}}\frac{1 - \cos(2\omega t)}{2}\cos\varphi + U_{\mathrm{m}}I_{\mathrm{m}}\frac{\sin(2\omega\tau)}{2}\sin\varphi$$

$$= UI\cos\varphi\left[1 - \cos(2\omega t)\right] + UI\sin\varphi\sin(2\omega t)$$

式中，$U = \dfrac{U_{\mathrm{m}}}{\sqrt{2}}$ 为电压有效值；$I = \dfrac{I_{\mathrm{m}}}{\sqrt{2}}$ 为电流有效值。

2. 有功功率 P 与功率因数 λ

瞬时功率在一个周期内的平均值叫作平均功率，它反映了交流电路中实际消耗的功率，所以又叫作有功功率，用 P 表示，单位是瓦特（W）。

在瞬时功率 $P = UI\cos\varphi\left[1 - \cos(2\omega t)\right] + UI\sin\varphi\sin(2\omega t)$ 中，第一项 $UI\cos\varphi\left[1 - \cos(2\omega t)\right]$ 与电压电流相位差 φ 的余弦值 $\cos\varphi$ 有关，在一个周期内的平均值为 $UI\cos\varphi$；第二项 $UI\sin\varphi\sin(2\omega t)$ 与电压电流相位差 φ 的正弦值 $\sin\varphi$ 有关，在一个周期内的平均值为零。则瞬时功率 P 在一个周期内的平均值（即有功功率）为

$$P = UI\cos\varphi = UI\lambda$$

其中 $\lambda = \cos\varphi$ 叫作正弦交流电路的功率因数。

3. 视在功率 S

定义：在交流电路中，电源电压有效值与总电流有效值的乘积（UI）叫作视在功率，用 S 表示，即 $S = UI$，单位是伏安（VA）。

S 代表了交流电源可以向电路提供的最大功率，又称为电源的功率容量。于是交流电路的功率因数等于有功功率与视在功率的比值，即

$$\lambda = \cos\varphi = \frac{P}{S}$$

所以电路的功率因数能够表示出电路实际消耗功率占电源功率容量的百分比。

4. 无功功率 Q

在瞬时功率 $p = UI\cos\varphi\left[1 - \cos(2\omega t)\right] + UI\sin\varphi\sin(2\omega t)$ 中，第二项表示交流电路与电源之间进行能量交换的瞬时功率，$|UI\sin\varphi|$ 是这种能量交换的最大功率，并不代表电路实际消耗的功率。定义：

$$Q = UI\sin\varphi$$

把上式叫作交流电路的无功功率，用 Q 表示，单位是乏尔，简称乏（Var）。

当 $\varphi > 0$ 时，$Q > 0$，电路呈感性；当 $\varphi < 0$ 时，$Q < 0$，电路呈容性；当 $\varphi = 0$ 时，$Q = 0$，电路呈电阻性。显然，有功功率 P、无功功率 Q 和视在功率 S 三者之间成三角形关系，即

$$S = \sqrt{p^2 + Q^2}$$

这一关系称为功率三角形，如图 3.2.7 所示。

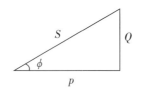

图 3.2.7 功率三角形

5. 功率因数的提高

（1）提高功率因数的意义

在交流电力系统中，负载多为感性负载。例如，常用的感应电动机，在交流电路中，负载从电源接受的有功功率 $P = UI\cos\varphi$，显然与功率因数有关。负载的功率因数低，使电源设备的容量不能充分利用。例如，一台容量为 $S = 100\ \text{kVA}$ 的变压器，若负载的功率因数 $\lambda = 1$ 时，则此变压器就能输出 100 kW 的有功功率；若 $\lambda = 0.6$ 时，则此变压器只能输出 60 kW 了，也就是说变压器的容量未能充分利用。另外，在一定的电压 U 下，向负载输送一定的有功功率 P 时，负载的功率因数越低，输电线路的电压降和功率损失越大。这是因为输电线路电流 $I = P/(U\cos\varphi)$，当 $\lambda = \cos\varphi$ 较小时，I 必然较大，从而输电线路上的电压降也要增加，因电源电压一定，所以负载的端电压将减少，这要影响负载的正常工作。同时，电流 I 增加，输电线路中的功率损耗也要增加。因此，提高负载的功率因数对合理科学地使用电能以及国民经济都有着重要的意义。

常用的感应电动机在空载时的功率因数为 0.2 ~ 0.3，而在额定负载时为 0.83 ~ 0.85，不装电容器的日光灯，功率因数为 0.45 ~ 0.6，应设法提高这类感性负载的功率因数，以降低输电线路电压降和功率损耗。

（2）提高功率因数的方法

提高感性负载功率因数的最简便的方法，是用适当容量的电容器与感性负载并联，如图 3.2.8 所示。

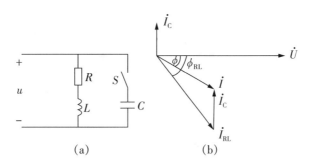

图 3.2.8 功率因数的提高方法

这样就可以使电感中的磁场能量与电容器的电场能量进行交换，从而减少电源与负载间能量的互换。在感性负载两端并联一个适当的电容后，对提高电路的功率因数十分有效。借助相量图分析方法容易证明：对于额定电压为 U、额定功率为 P、工作频率为 f 的感性负载 $R - L$ 来说，将功率因数从 $\lambda_1 = \cos\varphi_1$ 提高到 $\lambda_2 = \cos\varphi_2$，所需并联的

电容为

$$C = \frac{P}{2\pi f U^2}(tan\varphi_1 - tan\varphi_2)$$

式中，$\varphi_1 = \text{arc } cos\lambda_1$；$\varphi_2 = \text{arc } cos\lambda_2$，且 $\varphi_1 > \varphi_2$，$\lambda_1 < \lambda_2$。

【例 3.2.7】已知某单相电动机(感性负载)的额定参数是功率 $P = 120$ W，工频电压 $U = 220$ V，电流 $I = 0.91$ A。试求：把电路功率因数 λ 提高到 0.9 时，应使用一只多大的电容 C 与这台电动机并联？

解：

(1)首先求未并联电容时负载的功率因数 $\lambda_1 = cos\varphi_1$

因 $P = UIcos\varphi_1$，则有

$$\lambda_1 = cos\varphi_1 = P/(UI) = 0.5994，\quad \varphi_1 = arccos\lambda_1 = 53.2°$$

(2)把电路功率因数提高到 $\lambda_2 = cos\varphi_2 = 0.9$ 时，$\varphi_2 = arccos\lambda_2 = 25.8°$，则有

$$C = \frac{P}{2\pi f U^2}(tan\varphi_1 - tan\varphi_2) = \frac{120}{314 \times 220^2}(1.3367 - 0.4834) = 6.74 \text{ μF}$$

【任务实施】

实训 3.2.1　日光灯电路的连接

一、实训目的

了解日光灯的组成和工作原理并掌握其线路的接线方法。

二、原理说明

(1)本次实训所用的负载是日光灯。整个实训电路是由灯管、镇流器和启辉器组成，如图 3.2.9 所示。

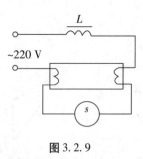

图 3.2.9

(2)日光灯的组成及工作原理。

①组成：灯管、启辉器、镇流器。

②工作原理：日光灯管内壁上涂有荧光物质，管内抽成真空，并允许有少量的水银蒸汽，管的两端各有一个灯丝串联在电路中，灯管的启辉电压为 400 ~ 500 V，起辉后管降压约为 110 V 左右（40 W 日光灯的管压降），所以日光灯不能直接在 220 V 的电压上使用。启辉器相当于一个自动开关，它有两个电极靠得很近，其中一个电极是由

双金属片制成，使用电源时，两电极之间会产生放电，双金属片电极热膨胀后，使两电极接通，此时灯丝也被通电加热。当两电极接通后，两电极放电现象消失，双金属片因降温而收缩，使两极分开。在两极断的瞬间镇流器将产生很高的自感电压，该自感电压和电源电压一起加到灯管两端，产生紫外线，从而涂在管壁上的荧光粉发出可见的光。当灯管启辉后，镇流器又起着降压限流的作用。

三、实训设备

序号	名称	型号与规格	数量	备注
1	可调交流电源		1	屏上
2	镇流器	与 15 W 灯管配用	1	L_{04}
3	启辉器		1	HL_3
4	日光灯灯管	15 W	1	屏上

四、实训步骤

(1)按图 3.2.9 接完线，请老师检查后，方可通电实训。

(2)作完后，待老师检查后，方可整理好实训台，离开实训室。

五、实训注意事项

注意日光灯电路的连接方法。

六、实训报告

心得体会及其他。

实训 3.2.2 正弦稳态下 *RL*、*RC* 串联电路的研究

一、实训目的

研究正弦稳态交流电路中电压、电流相量之间的关系。

二、原理说明

(1)在单相正弦交流电路中，用交流电流表测得各支路的电流值，用交流电压表测得回路各元件两端的电压值，它们之间的关系满足相量形式的基尔霍夫定律，即 $\Sigma I = 0$ 和 $\Sigma U = 0$。

(2)在图 3.2.10 所示的 *RC* 串联电路中，在正弦稳态信号 *U* 的激励下，U_R 与 U_C 保持有 90°的相位差，即当 *R* 阻值改变时，U_R 的相量轨迹是一个半圆。*U*、U_C 与 U_R 三者形成一个直角形的电压三角形，如图 3.2.11 所示。*R* 值改变时，可改变 φ 角的大小，从而达到移相的目的。

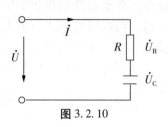

图 3.2.10

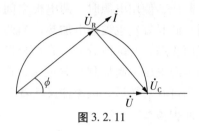

图 3.2.11

三、实训设备

序号	名称	型号与规格	数量	备注
1	交流电压表	0 ~ 500 V	1	
2	交流电流表	0 ~ 5 A	1	
3	自耦调压器		1	
4	电感		1	L_{04}
5	电容器	1 μF/500 V，2 μF/500 V，4 μF/500 V	各 1	C_{08}、C_{09}
6	白炽灯及灯座	25 W/220 V	1	HL5
7	电流插座		3	SW
8	功率因数表		1	自备

四、实训内容

（1）按图 3.2.10 接线。R 为 25 W/220 V 的白炽灯泡，电容器为 4 μF/500 V。经指导教师检查后，接通实验台电源，将自耦调压器输出（即 U）调至 220 V。记录 U、U_R、U_C 值，验证电压三角形关系。

测量值			计算值		
U/V	U_R/V	U_C/V	U'（与 U_R，U_C 组成 $Rt\triangle$） （$U' = \sqrt{U_R^2 + U_C^2}$）	$\triangle U = U' - U/\text{V}$	$\triangle U/U/\%$

同理将图 3.2.10 中电容更换为电感记录 U、U_R、U_L 值，验证电压三角表格。

（2）并联电路——电路功率因数的改善。按图 3.2.12 组成实验线路。

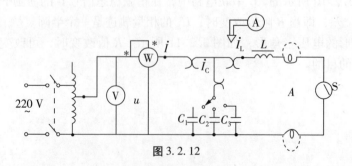

图 3.2.12

经指导老师检查后，接通实验台电源，将自耦调压器的输出调至 220 V，记录功率表、电压表读数。通过一只电流表和三个电流插座分别测得三条支路的电流，改变电容值，进行三次重复测量。数据记入下表中。

五、实训注意事项

（1）本实验用交流市电 220 V，务必注意用电和人身安全。

（2）功率表要正确接入电路。

电容值/ μF	测量数值						计算值	
	P/W	$\cos\varphi$	U/V	I/A	I_L/A	I_C/A	I'/A	$\cos\varphi$
0								
1								
2.2								
4.7								

六、预习思考题

（1）为了改善电路的功率因数，常在感性负载上并联电容器，此时增加了一条电流支路，试问电路的总电流是增大还是减小，此时感性元件上的电流和功率是否改变？

（2）提高线路功率因数为什么只采用并联电容器法，而不用串联法？所并联的电容器是否越大越好？

七、实验报告

（1）完成数据表格中的计算，进行必要的误差分析。

（2）根据实验数据，分别绘出电压、电流相量图，验证相量形式的基尔霍夫定律。

（3）讨论改善电路功率因数的意义和方法。

（4）装接日光灯线路的心得体会及其他。

任务三　正弦稳态下 $R-L-C$ 谐振电路的研究

【任务描述】

了解 $R-L-C$ 串联谐振电路与并联谐振电路的特性。

【知识学习】

在电容、电感电路中，总电压和总电流的相位一般是不同的，如果电源的频率和电路参数满足一定的条件，使得总电压与总电流同相位，整个电路呈电阻性，这种现象称为谐振现象，工作在谐振状态下的电路称为谐振电路，谐振电路在电子技术与工程技术中有着广泛的应用。

一、串联谐振电路

1. 谐振频率与特性阻抗

$R-L-C$ 串联电路呈谐振状态时，感抗与容抗相等，即 $X_L = X_C$，设谐振角频率为 ω_0，则 $\omega_0 L = \dfrac{1}{\omega_0 C}$，于是谐振角频率为

$$\omega_0 = \frac{1}{\sqrt{LC}}$$

由于 $\omega_0 = 2\pi f_0$，所以谐振频率为

$$f_0 = \frac{1}{2\pi \sqrt{LC}}$$

由此可见，谐振频率 f_0 只由电路中的电感 L 与电容 C 决定，是电路中的固有参数，所以通常将谐振频率 f_0 叫作固有频率。

电路发生谐振时的感抗或容抗叫作特性阻抗，用符号 ρ 表示，单位为欧姆(Ω)。

$$\rho = \omega_0 L = \frac{1}{\omega_0 C} = \sqrt{\frac{L}{C}}$$

2. 串联谐振电路的特点

(1)电路呈电阻性

当外加电源 u_s 的频率 $f = f_0$ 时，电路发生谐振，由于 $X_L = X_C$，则此时电路的阻抗达到最小值，称为谐振阻抗 Z_0 或谐振电阻 R，即

$$Z_0 = |Z|_{\min} = R$$

(2)电流呈现最大

谐振时电路中的电流则达到了最大值，叫作谐振电流 I_0，即

$$I_0 = \frac{U_s}{R}$$

(3)电感 L 与电容 C 上的电压

串联谐振时，电感 L 与电容 C 上的电压大小相等，即

$$U_L = U_C = X_L I_0 = X_C I_0 = QU_s$$

式中，Q 叫作串联谐振电路的品质因数，即

$$Q = \frac{\rho}{R} = \frac{\omega_0 L}{R} = \frac{1}{\omega_0 CR}$$

$R-L-C$ 串联电路发生谐振时，电感 L 与电容 C 上的电压大小都是外加电源电压 U_s 的 Q 倍，所以串联谐振电路又叫作电压谐振。一般情况下串联谐振电路都符合 $Q \gg 1$ 的条件。

3. 串联谐振的应用

串联谐振电路常用来对交流信号的选择，例如接收机中选择电台信号，即调谐。

在 $R-L-C$ 串联电路中，阻抗大小 $|Z| = \sqrt{R^2 + \left(\omega L - \dfrac{1}{\omega C}\right)^2}$，设外加交流电源(又称信号源)电压 u_s 的大小为 U_s，则电路中电流的大小为

$$I = \frac{U_s}{\sqrt{R^2 + (\omega L - \frac{1}{\omega C})^2}}$$

由于 $I_0 = \frac{U_s}{R}$，$Q = \frac{\omega_0 L}{R} = \frac{1}{\omega_0 CR}$ 则

$$\frac{I}{I_0} = \frac{1}{\sqrt{1 + Q^2 (\frac{\omega}{\omega_0} - \frac{\omega_0}{\omega})^2}}$$

上式表达出电流大小与电路工作频率之间的关系，叫作串联电路的电流幅频特性。电流大小 I 随频率 f 变化的曲线，叫作谐振特性曲线，如图 3.3.1 所示。

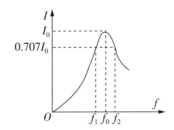

图 3.3.1　$R-L-C$ 串联电路的谐振特性曲线

当外加电源 u_s 的频率 $f = f_0$ 时，电路处于谐振状态；当 $f \neq f_0$ 时，称为电路处于失谐状态，若 $f < f_0$，则 $X_L < X_C$，电路呈容性；若 $f > f_0$，则 $X_L > X_C$，电路呈感性。

在实际应用中，规定把电流 I 范围在 $(0.707 I_0 \leq I \leq I_0)$ 所对应的频率范围 $(f_1 \sim f_2)$ 叫作串联谐振电路的通频带（又叫作频带宽度），用符号 B 或 Δf 表示，其单位也是频率的单位。

$$B = \Delta f = f_2 - f_1 = \frac{f_0}{Q}$$

频率 f 在通频带以内（即 $f_1 \leq f \leq f_2$）的信号，可以在串联谐振电路中产生较大的电流，而频率 f 在通频带以外（即 $f < f_1$ 或 $f > f_2$）的信号，仅在串联谐振电路中产生很小的电流，因此谐振电路具有选频特性。

Q 值越大说明电路的选择性越好，但频带较窄；反之，若频带越宽，则要求 Q 值越小，而选择性越差；即选择性与频带宽度是相互矛盾的两个物理量。

【例 3.3.1】设在 $R-L-C$ 串联电路中，$L = 30\ \mu H$，$C = 211\ pF$，$R = 9.4\ \Omega$，外加电源电压为 $u = \sqrt{2} \sin(2\pi ft)\ mV$。试求：

（1）该电路的固有谐振频率 f_0 与通频带 B；

（2）当电源频率 $f = f_0$ 时（即电路处于谐振状态）电路中的谐振电流 I_0、电感 L 与电容 C 元件上的电压 U_{L0}、U_{C0}；

（3）如果电源频率与谐振频率偏差 $\Delta f = f - f_0 = 10\% f_0$，电路中的电流 I 为多少？

解：（1）$f_0 = \frac{1}{2\pi \sqrt{LC}} = 2\ (MHz)$，$Q = \frac{\omega_0 L}{R} = 40$，$B = \frac{f_0}{Q} = 50\ (kHz)$

（2）$I_0 = U/R = 1/9.4 = 0.106(\text{mA})$，$U_{L0} = U_{C0} = QU = 40(\text{mV})$

（3）当 $f = f_0 + \Delta f = 2.2$ MHz 时

$$|Z| = \sqrt{R^2 + \left(\omega L - \dfrac{1}{\omega C}\right)^2} = 72(\Omega)$$

$$I = \frac{U}{|Z|} = 0.014(\text{mA})$$

仅为谐振电流 I_0 的 13.2%。

二、电感和电容的并联谐振电路

1. 电感线圈和电容的并联电路

实际电感与电容并联，可以构成 = L – C 并联谐振电路（通常称为 L – C 并联谐振回路），由于实际电感可以看成一只电阻 R（叫作线圈导线铜损电阻）与一理想电感 L 相串联，所以 L – C 并联谐振回路为 R – L 串联再与电容 C 并联，如图 3.3.2 所示。

电容 C 支路的电流为

$$I_C = \frac{U}{X_C} = \omega C U$$

电感线圈 R – L 支路的电流为

$$I_1 = \frac{U}{\sqrt{R^2 + X_L^2}} = \sqrt{I_{1R}^2 + I_{1L}^2}$$

式中，I_{1R} 是 I_1 中与路端电压同相的分量；I_{1L} 是 I_1 中与路端电压正交（垂直）的分量，如图 3.3.3 所示。

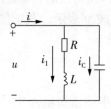

图 3.3.2　**电感线圈和电容的并联电路**　　图 3.3.3　**电感线圈和电容并联电路的相量图**

由相量图可求得电路中的总电流为

$$I = \sqrt{I_{1R}^2 + (I_{1L} - I_C)^2}$$

端路电压与总电流的相位差（即阻抗角）为

$$\varphi = -\arctan \frac{I_{1L} - I_C}{I_{1R}}$$

由此可知：如果当电源频率为某一数值 f_0 时，使得 $I_{1L} = I_C$，则阻抗角 $\varphi = 0$，端路电压与总电流同相，即电路处于谐振状态。

2. 并联谐振电路的特点

（1）谐振频率

对 L – C 并联谐振是建立在 $Q_0 = \dfrac{\omega_0 L}{R} \gg 1$ 条件下的，即电路的感抗 $X_L \gg R$，Q_0 是谐

振回路的空载品质因数 Q 值，实际电路一般都满足该条件。

理论上可以证明 L – C 并联谐振角频率 ω_0 与频率 f_0 分别为

$$\omega_0 \approx \frac{1}{\sqrt{LC}}, \quad f \approx \frac{1}{2\pi \sqrt{LC}}$$

（2）谐振阻抗

谐振时电路阻抗达到最大值，且呈电阻性。谐振阻抗和电流分别为

$$|Z| = R(1 + Q_0^2) \approx Q_0^2 = \frac{L}{CR}$$

（3）谐振电流

电路处于谐振状态，总电流为最小值

$$I_0 = \frac{U}{|Z_0|}$$

谐振时 $X_{L0} \approx X_{C0}$，则电感 L 支路电流 I_{L0} 与电容 C 支路电流 I_{C0} 为

$$I_{L0} \approx I_{C0} = \frac{U}{X_{C0}} \approx \frac{U}{X_{L0}} = Q_0 I_0$$

即谐振时各支路电流为总电流的 Q_0 倍，所以 LC 并联谐振又叫作电流谐振。

当 $f \neq f_0$ 时，称为电路处于失谐状态，对于 L – C 并联电路来说，若 $f < f_0$，则 $X_L < X_C$，电路呈感性；若 $f > f_0$，则 $X_L > X_C$，电路呈容性。

（4）通频带

理论分析表明，并联谐振电路的通频带为

$$B = f_2 - f_1 = \frac{f_0}{Q_0}$$

频率 f 在通频带以内（即 $f_1 \leqslant f \leqslant f_2$）的信号，可以在并联谐振回路两端产生较大的电压，而频率 f 在通频带以外（即 $f < f_1$ 或 $f > f_2$）的信号，在并联谐振回路两端产生很小的电压，因此并联谐振回路也具有选频特性。

【例3.3.2】如图3.3.2 所示电感线圈与电容器构成的 L – C 并联谐振电路，已知 $R = 10\ \Omega$，$L = 80\ \mu H$，$C = 320\ pF$。试求：（1）该电路的固有谐振频率 f_0、通频带 B 与谐振阻抗 $|Z_0|$；（2）若已知谐振状态下总电流 $I = 100\ \mu AV$，则电感 L 支路与电容 C 支路中的电流 I_{L0}、I_{C0} 为多少？

解：

$$(1)\ \omega_0 = \frac{1}{\sqrt{LC}} \approx 6.25 \times 10^6 (\text{rad/s}),\ f_0 = \frac{1}{2\pi \sqrt{LC}} \approx 1(\text{MHz}),\ Q = \frac{\omega_0 L}{R} = 50$$

$$B = \frac{f_0}{Q_0} = 20(\text{kHz}),\quad |Z_0| = Q_0^2 R = 25(\text{k}\Omega)$$

$$(2)\ I_{L0} \approx I_{C0} = QI_0 = 5(\text{mA})。$$

【任务实施】

实训3.3.1 $R-L-C$ 串联谐振电路的研究

一、实训目的

(1)学习用实训方法绘制 $R-L-C$ 串联电路的幅频特性曲线。

(2)加深理解电路发生谐振的条件、特点,掌握电路品质因数(电路 Q 值)的物理意义及其测定方法。

二、原理说明

(1)在图3.3.4所示的 $R-L-C$ 串联电路中,当正弦交流信号源 U_i 的频率 f 改变时,电路中的感抗、容抗随之而变,电路中的电流也随 f 而变。取电阻 R 上的电压 U_o 作为响应,当输入电压 U_i 的幅值维持不变时,在不同频率的信号激励下,测出 U_o 之值,然后以 f 为横坐标,以 U_o/U_i 为纵坐标(因 U_i 不变,故也可直接以 U_o 为纵坐标),绘出光滑的曲线,此即为幅频特性曲线,亦称谐振曲线,如图3.3.5所示。

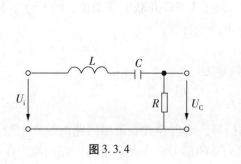
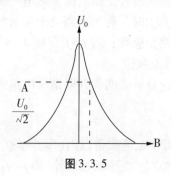

图3.3.4 　　　　　　　　　　图3.3.5

(2)在 $f=f_0=\dfrac{1}{2\pi\sqrt{LC}}$ 处,即幅频特性曲线尖峰所在的频率点称为谐振频率。此时 $X_L=X_C$,电路呈纯阻性,电路阻抗的模为最小。在输入电压 U_i 为定值时,电路中的电流达到最大值,且与输入电压 U_i 同相位。从理论上讲,此时 $U_i=U_R=U_o$,$U_L=U_C=QU_i$,式中的 Q 称为电路的品质因数。

3. 电路品质因数 Q 值的两种测量方法

一是根据公式 $Q=\dfrac{U_L}{U_o}=\dfrac{U_C}{U_o}$ 测定,U_C 与 U_L 分别为谐振时电容器 C 和电感线圈 L 上的

电压;另一方法是通过测量谐振曲线的通频带宽度 $\triangle f=f_2-f_1$,再根据 $Q=\dfrac{f_0}{f_2-f_1}$ 求出 Q

值。式中 f_0 为谐振频率,f_2 和 f_1 是失谐时,亦即输出电压的幅度下降到最大值的 $1/\sqrt{2}$ (0.707)倍时的上、下频率点。Q 值越大,曲线越尖锐,通频带越窄,电路的选择性越好。在恒压源供电时,电路的品质因数、选择性与通频带只决定于电路本身的参数,而与信号源无关。

三、实训设备

序号	名称	型号与规格	数量	备注
1	函数信号发生器		1	
2	交流毫伏表		1	自备
3	双踪示波器		1	自备
4	频率计		1	
5	实训元件	$R=200\ \Omega$，$1\ \text{k}\Omega$ $C=0.01\ \mu\text{F}$， $0.1\ \mu\text{F}$，$L=约\ 30\ \text{mH}$	1	R_{04}、R_{10}、C_{08}、L_{01}

四、实训内容

（1）按图 3.3.6 组成监视、测量电路。选 $C=0.01\ \mu\text{F}$。用交流电压表测电压，用示波器监视信号源输出。令信号源输出电压 $U_i=3\ \text{V}$，并保持不变。

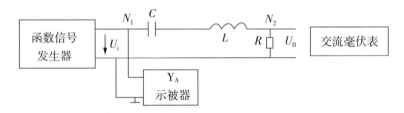

图 3.3.6　R、L、C 串联谐振电路的研究

（2）找出电路的谐振频率 f_0，其方法是，将电压表接在 R（200 Ω）两端，令信号源的频率由小逐渐变大（注意要维持信号源的输出幅度不变），当 U_o 的读数为最大时，读得频率计上的频率值即为电路的谐振频率 f_0，并测量 U_c 与 U_L 之值（注意及时更换电压表的量限）。

（3）在谐振点两侧，按频率递增或递减 500 Hz 或 1 kHz，依次各取 8 个测量点，逐点测出 U_o，U_L，U_c 之值，记入数据表格。

f/kHz									
U_o/V									
U_L/V									
U_c/V									
$U_i=3\ \text{V}$，$C=0.01\ \mu\text{F}$，$R=200\ \Omega$，$f_0=$ _____，$f_2-f_1=$ _____，$Q=$ _____									

（4）选 $C=0.01\ \mu\text{F}$，$R=1\ \text{k}\Omega$，重复步骤（2）、（3）的测量过程

f/kHz									
U_0/V									
U_L/V									
U_c/V									
$U_i = 3\text{ v},\ C = 0.01\ \mu\text{F},\ R = 1\text{ k}\Omega,\ f_0 = \underline{\hspace{2cm}},\ f_2 - f_1 = \underline{\hspace{2cm}},\ Q = \underline{\hspace{2cm}}$									

(5)选 $C = 0.1\ \mu\text{F}$，$R = 200\ \Omega$ 及 $C = 0.1\ \text{uF}$，$R = 1\text{ k}\Omega$，重复(2)、(3)两步(自制表格)。

五、实训注意事项

(1)测试频率点的选择应在靠近谐振频率附近多取几点。在变换频率测试前，应调整信号输出幅度(用示波器监视输出幅度)，使其维持在 3 V。

(2)测量 U_c 和 U_L 数值前，应将电压表的量限改大，而且在测量 U_L 与 U_c 时电压表的"＋"端接 C 与 L 的公共点，其接地端分别触及 L 和 C 的近地端 N_2 和 N_1。

(3)实训中，信号源的外壳应与电压表的外壳绝缘(不共地)。如能用浮地式交流电压表测量，则效果更佳。

六、预习思考题

(1)根据实训线路板给出的元件参数值，估算电路的谐振频率。

(2)改变电路的哪些参数可以使电路发生谐振？电路中 R 的数值是否影响谐振频率值？

(3)如何判别电路是否发生谐振？测试谐振点的方案有哪些？

(4)电路发生串联谐振时，为什么输入电压不能太大，如果信号源给出 3 V 的电压，电路谐振时，用交流电压表测 U_L 和 U_c，应该选择用多大的量限？

(5)要提高 $R - L - C$ 串联电路的品质因数，电路参数应如何改变？

(6)本实训在谐振时，对应的 U_L 与 U_c 是否相等？如有差异，原因何在？

七、实训报告

(1)根据测量数据，绘出不同 Q 值时三条幅频特性曲线，即：$U_0 = f(f)$，$U_\text{L} = f(f)$，$U_c = f(f)$。

(2)计算出通频带与 Q 值，说明不同 R 值时对电路通频带与品质因数的影响。

(3)对两种不同的测 Q 值的方法进行比较，分析误差原因。

(4)谐振时，比较输出电压 U_0 与输入电压 U_i 是否相等？试分析原因。

(5)通过本次实训，总结、归纳串联谐振电路的特性。

任务四　三相负载的连接

【任务描述】

了解三相电动势的产生及表示方法，掌握三相负载的星形连接和三角形连接的分析计算。

【知识学习】

一、三相交流电动势的产生

1. 对称三相电动势

振幅相等、频率相同，在相位上彼此相差120°的三个电动势称为对称三相电动势。对称三相电动势瞬时值的数学表达式为：

第一相（U相）电动势：$e_1 = E_m \sin(\omega t)$；

第二相（V相）电动势：$e_2 = E_m \sin(\omega t - 120°)$；

第三相（W相）电动势：$e_3 = E_m \sin(\omega t + 120°)$。

显然，有 $e_1 + e_2 + e_3 = 0$。波形图与相量图如图3.4.1所示。

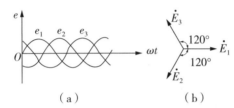

（a）　　　　　　　　（b）

图 3.4.1　对称三相电动势波形图与相量图

2. 相序

三相电动势达到最大值（振幅）的先后次序叫作相序。e_1比e_2超前120°，e_2比e_3超前120°，而e_3又比e_1超前120°，称这种相序称为正相序或顺相序；反之，如果e_1比e_3超前120°，e_3比e_2超前120°，e_2比e_1超前120°，称这种相序为负相序或逆相序。

相序是一个十分重要的概念，为使电力系统能够安全可靠地运行，通常统一规定技术标准，一般在配电盘上用黄色标出U相，用绿色标出V相，用红色标出W相。这样，$u-v-w-u$的相序就是正相序或顺相序，$u-w-v-u$的相序就是负相序或逆相序，电力系统一般采用正相序。

二、三相电源的连接

三相电源有星形（亦称Y形）接法和三角形（亦称△形）接法两种。

1. 三相电源的星形（Y形）接法

将三相发电机三相绕组的末端U_2、V_2、W_2（相尾）连接在一点，始端U_1、V_1、W_1（相头）分别与负载相连，这种连接方法叫作星形（Y形）连接，如图3.4.2所示。

从三相电源三个相头U_1、V_1、W_1引出的三根导线叫作端线或相线，俗称火线，任意两个火线之间的电压叫作线电压。Y形公共联结点N叫作中点，从中点引出的导线叫作中线或零线。由三根相线和一根中线组成的输电方式叫作三相四线制（通常在低压配电中采用）。

每相绕组始端与末端之间的电压（即相线与中线之间的电压）叫作相电压，它们的瞬时值用u_1、u_2、u_3来表示，显然这三个相电压也是对称的。相电压大小（有效值）均为

$$U_1 = U_2 = U_3 = U_P$$

任意两相始端之间的电压(即火线与火线之间的电压)叫作线电压,它们的瞬时值用 u_{12}、u_{23}、u_{31} 来表示。Y 形接法的相量图如图 3.4.3 所示。

显然三个线电压也是对称的。大小(有效值)均为

$$U_{12} = U_{23} = U_{31} = U_L = \sqrt{3}U_P$$

线电压比相应的相电压超前 30°,如线电压 u_{12} 比相电压 u_1 超前 30°,线电压 u_{23} 比相电压 u_2 超前 30°,线电压 u_{31} 比相电压 u_3 超前 30°。

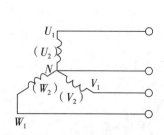

图 3.4.2　三相绕组的星形接法

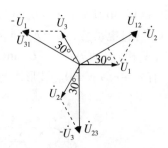

图 3.4.3　相电压与线电压的相量图

2. 三相电源的三角形(△形)接法

将三相发电机的第二绕组始端 V_1 与第一绕组的末端 U_2 相连、第三绕组始端 W_1 与第二绕组的末端 V_2 相连、第一绕组始端 U_1 与第三绕组的末端 W_2 相连,并从三个始端 U_1、V_1、W_1 引出三根导线分别与负载相连,这种连接方法叫作三角形(△形)连接。显然这时线电压等于相电压,即

$$U_L = U_P$$

这种没有中线、只有三根相线的输电方式叫作三相三线制。

特别需要注意的是,在工业用电系统中如果只引出三根导线(三相三线制),那么就都是火线(没有中线),这时所说的三相电压大小均指线电压 U_L;而民用电源则需要引出中线,所说的电压大小均指相电压 U_P。

【例 3.4.1】已知发电机三相绕组产生的电动势大小均为 $E = 220$ V,试求:(1)三相电源为 Y 形接法时的相电压 U_P 与线电压 U_L;(2)三相电源为△形接法时的相电压 U_P 与线电压 U_L。

解:(1)三相电源 Y 形接法:相电压 $U_P = E = 220$(V),线电压 $U_L \approx \sqrt{3}U_P = 380$(V)

(2)三相电源△形接法:相电压 $U_P = E = 220$(V),线电压 $U_L = U_P = 220$(V)。

三、三相负载的连接

1. 负载的星形连接

三相负载的星形连接如图 3.4.4 所示。

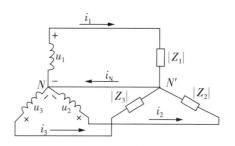

图 3.4.4　三相负载的星形连接

该接法有三根火线和一根零线，叫作三相四线制电路，在这种电路中三相电源也是必须是 Y 形接法，所以又叫作 Y – Y 接法的三相电路。显然不管负载是否对称（相等），电路中的线电压 U_L 都等于负载相电压 U_{YP} 的 $\sqrt{3}$ 倍，即

$$U_L = \sqrt{3}\, U_{YP}$$

负载的相电流 I_{YP} 等于线电流 I_{YL}，即

$$I_{YL} = I_{YP}$$

当三相负载对称时，即各相负载完全相同，相电流和线电流也一定对称（称为 Y – Y 形对称三相电路），即各相电流（或各线电流）振幅相等、频率相同、相位彼此相差 $120°$，并且中线电流为零，所以中线可以去掉，形成三相三线制电路，也就是说对于对称负载来说，不必关心电源的接法，只需关心负载的接法。

【例 3.4.2】在负载作 Y 形连接的对称三相电路中，已知每相负载均为 $|Z| = 20\ \Omega$，设线电压 $U_L = 380\ \mathrm{V}$，试求：各相电流（也就是线电流）。

解： 在对称 Y 形负载中，相电压 $U_{YP} = \dfrac{U_L}{\sqrt{3}} \approx 220\ (\mathrm{V})$。

相电流（即线电流）为

$$I_{YP} = \frac{U_{YP}}{|Z|} = \frac{220}{20} = 11\ (\mathrm{A})$$

2. 负载的三角形联结

负载做△形联结时只能形成三相三线制电路，如图 3.4.5 所示。

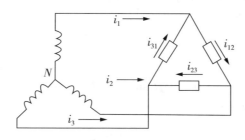

图 3.4.5　三相负载的三角形连接

显然不管负载是否对称（相等），电路中负载相电压 $U_{\Delta P}$ 都等于线电压 U_L，即

$$U_{\Delta P} = U_L$$

当三相负载对称时，即各相负载完全相同，相电流和线电流也一定对称。负载的相电流为

$$I_{\Delta P} = \frac{U_{\Delta P}}{|Z|}$$

线电流 $I_{\Delta L}$ 等于相电流 $I_{\Delta P}$ 的 $\sqrt{3}$ 倍，即

$$I_{\Delta L} = \sqrt{3} I_{\Delta P}$$

【例3.4.3】在对称三相电路中，负载作△形连接，已知每相负载均为 $|Z| = 50\ \Omega$，设线电压 $U_L = 380\ V$，试求各相电流和线电流。

解： 在△形负载中，相电压等于线电压，即 $U_{\Delta P} = U_L$，则相电流

$$I_{\Delta P} = \frac{U_{\Delta P}}{|Z|} = \frac{380}{50} = 7.6(A)$$

线电流 $\qquad\qquad I_{\Delta L} = \sqrt{3} I_{\Delta P} \approx 13.2(A)$

【例3.4.4】三相发电机是星形接法，负载也是星形接法，发电机的相电压 $U_p = 1000\ V$，每相负载电阻均为 $R = 50\ k\Omega$，$X_L = 25\ k\Omega$。试求：（1）相电流；（2）线电流；（3）线电压。

解： $|Z| = \sqrt{50^2 + 25^2} = 55.9(k\Omega)$。

（1）相电流 $I_P = \dfrac{U_P}{|Z|} = \dfrac{1000}{55.9} = 17.9(mA)$。

（2）线电流 $I_L = I_P = 17.9(mA)$。

（3）线电压 $U_L = \sqrt{3} U_P = 1732(V)$。

四、三相电路的功率

三相负载的有功功率等于各相功率之和，即

$$P = P_1 + P_2 + P_3$$

在对称三相电路中，无论负载是星形连接还是三角形连接，由于各相负载相同、各相电压大小相等、各相电流也相等，所以三相功率为

$$P = 3U_P I_P \cos\varphi = \sqrt{3} U_L I_L \cos\varphi$$

其中，φ 为对称负载的阻抗角，也是负载相电压与相电流之间的相位差。

三相电路的视在功率为

$$S = 3U_P I_P = \sqrt{3} U_L I_L$$

三相电路的无功功率为

$$Q = 3U_P I_P \sin\varphi = \sqrt{3} U_L I_L \sin\varphi$$

三相电路的功率因数为

$$\lambda = \frac{P}{S} = \cos\varphi$$

【例3.4.5】有一对称三相负载，每相电阻为 $R = 6\ \Omega$，电抗 $X = 8\ \Omega$，三相电源的线电压为 $U_L = 380\ V$。求：（1）负载做星形连接时的功率 P_Y；（2）负载做三角形连接时的功率 P_Δ。

解：每相阻抗均为 $|Z| = \sqrt{6^2 + 8^2} = 10\ \Omega$，功率因数 $\lambda = \cos\varphi = \dfrac{R}{|Z|} = 0.6$

（1）负载做星形连接时

相电压

$$U_{YP} = \frac{U_L}{\sqrt{3}} = 220(\text{V})$$

线电流等于相电流

$$I_{YL} = I_{YP} = \frac{U_Y P}{|Z|} = 22(\text{A})$$

负载的功率

$$P_Y = \sqrt{3} U_{YL} I_{YL} \cos\varphi = 8.7(\text{kW})$$

（2）负载做三角形联结时

相电压等于线电压

$$U_{\Delta P} = U_{\Delta L} = 380(\text{V})$$

相电流

$$I_{\Delta L} = \frac{U_{\Delta L}}{|Z|} = 38(\text{A})$$

线电流

$$I_{\Delta L} = \sqrt{3} I_{\Delta P} = 66(\text{A})$$

负载的功率

$$P_\Delta = \sqrt{3} U_{\Delta L} I_{\Delta L} \cos\varphi = 26(\text{kW})$$

为星形连接的功率的 3 倍。

【任务实施】

实训3.4.1　交流电路相序的测量

一、实验目的

（1）掌握三相交流电路相序的测量方法。

（2）熟悉功率因数表的使用方法，了解负载性质对功率因数的影响。

二、原理说明

图 3.4.6 为相序指示器电路，用以测定三相电源的相序 A、B、C（或 U、V、W）。它是由一个电容器和两个电灯连接成的星形不对称三相负载电路。如果电容器所接的是 A 相，则灯光较亮的是 B 相，较暗的是 C 相。相序是相对的，任何一相均可作为 A 相。但 A 相确定后，B 相和 C 相也就确定了。为了分析问题简单起见设：$X_C = R_B = R_C = R$，$\dot{U}_A = U_P \angle 0°$

则

$$\dot{U}_{N'N} = \frac{U_P\left(\frac{1}{-jP}\right) + U_P\left(-\frac{1}{2} - j\frac{\sqrt{3}}{2}\right)\left(\frac{1}{R}\right) + U_P\left(\frac{1}{2} + j\frac{\sqrt{3}}{2}\right)\left(\frac{1}{R}\right)}{-\frac{1}{jR} + \frac{1}{R} + \frac{1}{R}}$$

$$\dot{U}_B' = \dot{U}_B - \dot{U}_{N'N} = U_P\left(-\frac{1}{2} - j\frac{\sqrt{3}}{2}\right) - U_P(-0.2 + j0.6)$$

$$= U_P(-0.3 - j1.466) = 1.49\angle -101.6° U_P$$

$$\dot{U}_C' = \dot{U}_C - \dot{U}_{N'N} = U_P\left(-\frac{1}{2} + j\frac{\sqrt{3}}{2}\right) - U_P(-0.2 + j0.6)$$

$$= U_P(-0.3 + j0.266) = 0.4\angle -138.4° U_P$$

由于 $\dot{U}_B' > \dot{U}_C'$，故 B 相灯光较亮。

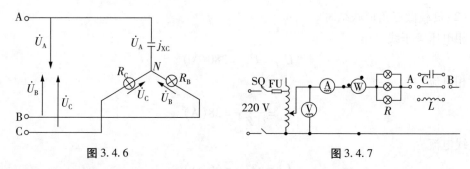

图 3.4.6   图 3.4.7

三、实训设备

序号	名称	型号与规格	数量	备注
1	单相功率表		1	自备
2	交流电压表	0 ~ 500 V	1	屏上
3	交流电流表	0 ~ 5 A	1	屏上
4	白炽灯组负载	25 W/220 V	4	HL₅
5	电感线圈	15 W 镇流器	1	L_{04}
6	电容器	1 μF，4 μF	1	C_{08}、C_{09}

四、实训内容

1. 相序的测定

（1）用 220 V/25 W 白炽灯和 1 μF/500 V 电容器，按图 3.4.6 接线，经三相调压器接入线电压为 220 V 的三相交流电源，观察灯泡的亮、暗，判断三相交流电源的相序。

（2）将电源线任意调换两相后再接入电路，观察两灯的明亮状态，判断三相交流电源的相序。

2. 电路功率（P）和功率因数（$\cos\varphi$）的测定

按图 3.4.7 接线，按下表所述在 A、B 间接入不同器件，记录 $\cos\varphi$ 表及其他各表的读数，并分析负载性质。

A、B 间 AB	U/V	U_R/V	U_L/V	U_C/V	I/V	P/W	$\cos\varphi$	负载性质
短接								
接入 C								
接入 L								
接入 L 和 C								

说明：C 为 4 μF/500 V，L 为 15 W 日光灯镇流器。

五、实训注意事项

每次改接线路都必须先断开电源。

六、预习思考题

根据电路理论，分析图 3.4.6 检测相序的原理。

七、实训报告

(1)简述实训线路的相序检测原理。

(2)根据 U、I、P 三表测定的数据，计算出 $\cos\varphi$，并与 $\cos\varphi$ 表的读数比较，分析误差原因。

(3)分析负载性质与 $\cos\varphi$ 的关系。

(4)心得体会及其他。

实训 3.4.2 三相负载的星形连接

一、实训目的

(1)熟悉三相负载作星形连接的方法。

(2)学习和验证三相负载对称与不对称电路中，相电压、线电压之间的关系。

(3)了解三相四线制中中线的作用。

二、实训原理

三相负载作星形连接时，电压与相电压均对称，且 $U_{线} = \sqrt{3}\,U_{相}$，而且 $U_{线}$ 超前 $U_{相}$ 30°。

当三相负载不对称又无中线连接时，此时将出现三相电压不对称，如图 3.4.8 所示，导致三相不能正常工作，为此必须有中线连接，才能保证三相负载正常工作。

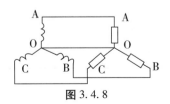

图 3.4.8

从上述理论中，考虑到三相负载不对称连接又无中线时某相电压会升高，影响负载的使用，同时考虑到实训的安全，故将两个负载串联起来做实训。

三、实训仪器设备

序号	名称	型号与规格	数量	备注
1	交流电压表	0 ~ 500 V	1	屏上
2	交流电流表	0 ~ 5 A	1	屏上
3	万用表		1	自备
4	三相交流电源		1	屏上
5	三相灯组负载	220 V，25 W 白炽灯	6	HL_5
6	电流插座		3	SW

四、实训内容

按照图 3.4.9 连接好实训电路，再将实训台的三相电源 U、V、W、N 对应接到负载上。用交流电压表和电流表进行下列情况的测量，并将数据记入表内。

(1)负载对称有中线。

(2)负载对称无中线，即断开中线。

(3)负载不对称有中线，将 A 相的断开。

(4)负载不对称无中线。

上述数据作完，请老师检查数据后，方可整理好实训台。

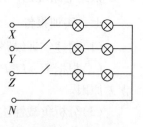

图 3.4.9

测量数据 ╲ 负载接法		对称负载		不对称负载	
		有中线	无中线	有中线	无中线
相电压	U_A				
	U_B				
	U_C				
线电压	U_{AB}				
	U_{BC}				
	U_{CA}				
相电流	I_A				
	I_B				
	I_C				
中线电流	I_O				

五、实训注意事项

每次改接线路都必须先断开电源。

六、预习思考题

(1)分析负载不对称又无中线连接时的数据。

(2)中线有何作用?

七、实训报告

(1)绘制实训线路的连接图。

(2)根据测量数据,分析三相负载对称与不对称电路中,相电压、线电压之间的关系。

(3)心得体会及其他。

实训 3.4.3　三相负载的三角形连接

一、实训目的

(1)熟悉三相负载作三角形连接的方法。

(2)验证负载作三角形连接时,对称与不对称的线电流与相电流之间的关系。

二、实训原理:

三相负载的三角形连接如图 3.4.10 所示。

(1)当三相负载对称连接时,其线电流、相电流之间的关系为 $I_{线} = \sqrt{3}I_{相}$,且相电流超前线电流30°。

(2)当三相负载不对称作三角形连接时,将导致两相的线电流、一相的相电流发生变化。此时,$I_{线}$ 与 $I_{相}$ 无$\sqrt{3}$ 的关系。

(3)当三角形连接时,一相负载断路时,如图 3.4.11 所示,此时只影响故障相不能正常工作,其余两相仍能正常工作。

(4)当三角形连接时,一条火线断线时,如图 3.4.12 所示,此时故障两相负载电压小于正常电压,而 B、C 相仍能够正常工作。

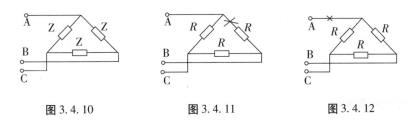

图 3.4.10　　　　　图 3.4.11　　　　　图 3.4.12

三、实训仪表设备

序号	名称	型号与规格	数量	备注
1	交流电压表	$0\sim500$ V	1	屏上
2	交流电流表	$0\sim5$ A	1	屏上
3	万用表		1	自备
4	三相交流电源		1	屏上
5	三相灯组负载	220 V/25 W 白炽灯	6	HL5
6	电流插座		3	SW

四、实训步骤及内容

按图 3.4.13 连接好实训电路，再将实训台的三相电源 U、V、W、N 对应接到负载上。用交流电压表和电流表进行下列情况的测量，并将数据记入表内。

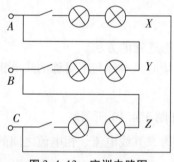

图 3.4.13　实训电路图

（1）对称负载的测量，将三相负载全部接通。

（2）一相负载断路。

（3）一相火线断线，去掉 A 相火线。

上述内容作完后，数据经老师检查后方可整理实训台，离开实训室。

测量数据 负载接法	线电流			相电流			线电压		
	I_A	I_B	I_C	I_{AB}	I_{BC}	I_{CA}	U_{AB}	U_{BC}	U_{CA}
负载对称									
一相负载断路									
一相火线断路									

五、实训注意事项

每次改接线路都必须先断开电源。

六、预习思考题

分析负载对称与不对称时的数据。

七、实训报告

(1)绘制实训线路的连接图。

(2)根据测量数据，分析负载作三角形连接时，对称与不对称的线电流与相电流之间的关系。

(3)心得体会及其他。

【习题三】

3.1 已知 $u_1 = \sqrt{2}U\sin(\omega t + \psi_1)$，$u_2 = \sqrt{2}U\sin(\omega t + \psi_2)$，试讨论两个电压，在什么情况下会出现超前、滞后、同相、反相的情况？

3.2 已知 $u_1 = 10\cos(\omega t - 30°)\,\mathrm{V}$、$u_2 = 5\cos(\omega t - 120°)\,\mathrm{V}$。试写出相量 $\dot{U}_1$、$\dot{U}_2$，写出相量图，求相位差 φ_{12}。

3.3 已知 $\dot{I}_1 = 8 - \mathrm{j}6\,\mathrm{A}$、$\dot{I}_2 = -8 + \mathrm{j}6\,\mathrm{A}$。试写出它们所代表正弦电流的瞬时值表达式，画出相量图，并求相位差 φ_{12}。

3.4 一个正弦电压初相为 30^0，在 $t = 3T/4$ 时瞬时值为 $-268\,\mathrm{V}$，求它的有效值。

3.5 已知正弦电流最大值为 $20\,\mathrm{A}$，频率为 $100\,\mathrm{Hz}$，在 $0.02\mathrm{s}$ 时，瞬时值为 $15\,\mathrm{A}$，求初相 φ_i，并写出解析式。

3.6 已知 $u = 110\sqrt{2}\sin(314t = 30°)\,\mathrm{V}$，作用在电感 $L = 0.2\,\mathrm{H}$ 上，求电流 $i(t)$，并画出 $\dot{U}_1$、$\dot{I}_1$ 的相量图。

3.7 已知 $R - L - C$ 并联，$u = 60\sqrt{2}\sin(100t + 90°)\,\mathrm{V}$，$R = 15\,\Omega$，$L = 300\,\mathrm{mH}$，$C = 833\,\mu\mathrm{F}$，求 $i(t)$。

3.8 如图 3.1 所示电路，已知电压表 V_1、V_2 的读数分别为 $3\,\mathrm{V}$，$4\,\mathrm{V}$。求电压表 V 的读数

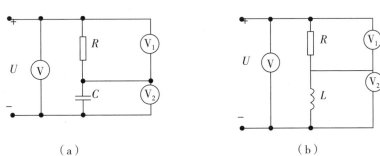

（a）　　　　　　　　　　（b）

图 3.1　题 3.8 图

3.9 在 $R - L - C$ 并联电路中，$R = 40\,\Omega$，$X_L = 15\,\Omega$，$X_c = 30\,\Omega$，接到外加电压 V 的电源 $u = 120\sqrt{2}\sin\left(100\pi t + \dfrac{\pi}{6}\right)$ 上，求：（1）电路上的总电流；（2）电路的总阻抗。

3.10 如图 3.2 所示正弦稳态电路，已知电压表 V_1、V_2、V_3 的读数分别为 $30\,\mathrm{V}$、$60\,\mathrm{V}$、$100\,\mathrm{V}$。求电压表 V 的读数。

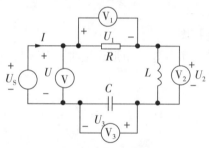

图 3.2　题 3.10 图

3.11 如图 3.3 所示电路，已知 $R = 5\ \text{k}\Omega$，交流电源频率 $f = 100\ \text{Hz}$。若要求 U_{sc} 与 U_{sr} 的相位差为 $30°$，则电容 C 应为多少？判断 U_{sc} 与 U_{sr} 的相位关系（超前还是滞后）。

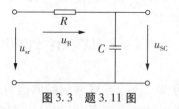

图 3.3　题 3.11 图

3.12 如图 3.4 所示电路，有一个纯电容电路，其容抗为 X_C，加上交流电压后，电流表测得的电流读数为 4 A；若将一纯电感并接在电容两端，电源电压不变，则电流表的读数也不变，问并联电感的感抗为多少？

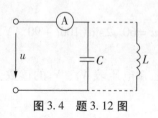

图 3.4　题 3.12 图

3.13 已知两复阻抗 $Z_1 = (10 + \text{j}20)\ \Omega$ 和 $Z_2 = (20 - \text{j}50)\ \Omega$，若将 Z_1、Z_2 并联，求电路的等效复阻抗和等效复导纳；此时电路是呈感性还是容性？若要使电路呈阻性，Z_1、Z_2 的并联电路应串上一个什么样的元件？

3.14 已知 RLC 串联谐振电路，$L = 400\ \text{mH}$，$C = 0.1\ \mu\text{F}$，$R = 20\ \Omega$，电源电压 $U_s = 0.1\ \text{V}$，求谐振频率 f_0、特性阻抗 Z、品质因数 Q、谐振时的 U_{L0}、U_{C0} 各为多少？

3.15 已知 RLC 串联谐振电路，特性阻抗 $\rho = 1000\ \Omega$，谐振时的角频率 $\omega_0 = 10^6\ \text{rad/s}$，求元件 L 和 C 的参数值？

3.16 RLC 并联电路中，已知 $\omega_0 = 5 \times 10^6\ \text{rad/s}$，$Q = 100$，谐振时阻抗 $|Z| = 2\ \text{k}\Omega$，求：R，L，C 是多少？

3.17 已知 R、L 和 C 组成的并联谐振电路，$L = 0.25\ \text{mH}$，$C = 85\ \text{pF}$，$R = 13.7\ \Omega$，电源电压 U_s 为 10 V，求：电路的谐振频率 f_0、谐振阻抗 $|Z_0|$、谐振时的总电流 I_0、支路电流 I_{L0} 和 I_{C0} 各为多少？

项目四　线性动态电路

任务　一阶线性动态电路

【任务描述】

通过一阶线性动态电路的学习，认识电容、电感充、放电过程中电压、电流、储能的变化规律。

【知识学习】

一、电容器

1. 电容器概述

电容器在电子仪器设备中是一种必不可少的基础元件，它的基本结构是在两个相互靠近的导体之间敷一层不导电的绝缘材料(介质)。电容器是一种储能元件，储存电荷的能力用电容量 C 来表示，电容器每个极板上所储存的电荷量叫电容器的电量。将电容器两极板分别接到电源的正负极上，使电容器两极板分别带上等量异号电荷，这个过程叫电容器的充电过程。电容器充电后，极板间有电场和电压。用一根导线将电容器两极板相连，两极板上正负电荷中和，电容器失去电量，这个过程称为电容器的放电过程。电容的基本单位是法[拉]，以 F 表示。由于法的单位太大，因而电容量的常用单位是微法(μF)和皮法(pF)。电容器在电路中具有隔断直流电、通过交流电的特点，因此，多用于电路级间耦合、滤波、去耦、旁路和信号调谐等方面。常见的电容器如图 4.1.1 所示，在电路中，电容器的常用符号如图 4.1.2 所示。

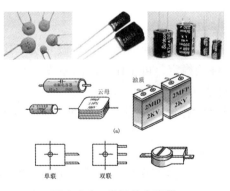

图 4.1.1　常见的电容器

固定电容器　　电解电容器　　电解电容器　　可调电容器　　微调电容器
　　　　　　　（新国标）　　（旧国标）

图 4.1.2　电容器符号

（1）电容器的种类很多，分类方法各不相同。

（2）按结构可分为：固定电容器、可变电容器、半可变电容器。

按介质材料可分为：气体介质电容器；液体介质电容器（如油浸电容器）；无机固体介质电容器（如云母电容器）；陶瓷电容器、电解质电容器（由电解质的不同形式可分为液式和干式两种）。

（3）按极性可分为：有极性和无极性电容器。

（4）按阳极材料可分为：铝电解电容器、钽电解电容器、铌电解电容器。

2. 几种常见的电容器

（1）电解电容器（型号：CD、CA）

电解电容器是目前使用较多的大容量电容器，它体积小、耐压高（一般耐压越高体积也就越大），其介质为正极金属片表面上形成的一层氧化膜，负极为液体、半液体或胶状的电解液。因其有正负极之分，故只能工作在直流状态下，如果极性用反，将使漏电流剧增，在此情况下电容器将会因急剧变热而损坏，甚至会引起爆炸。一般厂家会在电容器的表面上标出正极或负极，新买来的电容器引脚长的一端为正极。

目前铝电解电容器（型号：CD）是一种使用最广泛的通用型电解电容器，它适用于电源滤波和音频旁路。铝电解电器的绝缘电阻小，漏电损耗大，容量为 0.33 F ~ 4700 F，额定工作电压一般为 6.3 V ~ 500 V。钽电解电容器（型号：CA）采用金属钽（粉剂或溶液）作为电解质。钽电解电容器已经发展了大约 40 年。钽电解电容性能稳定，具有绝缘电阻大、漏电小、寿命长、比率电容大、长期存放性能稳定、温度及频率特性好等优点，但它的成本较高、额定工作电压低（最高只有 160 V），所以这种电容器主要用于一些电性能要求较高的电路，如积分、计时、延时开关电路等。

（2）云母电容器（型号：CY）

该电容器用云母片做介质，特点是高频性能稳定、耐压高（几百伏 ~ 几千伏）、漏电流小，但容量小、体积大。

（3）瓷质电容器（型号：CC）

该电容器采用高介电常数、低损耗的陶瓷材料做介质，其特点是体积小、损耗小、绝缘电阻大、漏电流小、性能稳定，可工作在超高频段，但其耐压低、机械强度较差。

（4）玻璃釉电容器（型号：CI）

玻璃釉电容器具有瓷质电容器的优点，但比同容量的瓷质电容器体积小，工作频带较宽，可在 125℃ 下工作。

（5）纸介电容器（型号：CZ）

纸介电容器的电极用铝箔、锡箔做成，绝缘介质是浸醋的纸，锡箔或铝箔与纸相叠后卷成圆柱体，外包防潮物质。特点是体积小、容量大，但性能不稳定、高频性能差。

（6）聚苯乙烯电容器（型号：CB）

聚苯乙烯电容器是一种有机薄膜电容器。以聚苯乙烯为介质，用铝箔或直接在聚苯乙烯薄膜上蒸上一层金属膜为电极。特点是绝缘电阻大、耐压高、漏电流小、精度高，但耐热性差，焊接时，过热会损坏电容器。

（7）独石电容器

独石电容器是以钛酸钡为主的陶瓷材料烧结而成的一种瓷介质电容器，其特点是体积小、耐高温、绝缘性能好、成本低，多用于小型和超小型电子设备中。

（8）可变电容器

可变电容器种类很多，按结构可分为单联（一组定片，一组动片）、双联（二组动片，二组定片）、三联、四联等。按介质可分为空气介质、薄膜介质电容器等。其中空气介质电容器使用寿命长，但体积大。一般单连用于直放式收音机的调谐电路，双连用于超外差式收音机。薄膜介质电容器在动片和定片之间以云母或塑料片做介质，体积小、重量轻。

（9）半可调电容器（微调电容器）

半可调电容器在电路中主要用做补偿和校正。调节范围为几十皮法。常用的半可调电容器有有机薄膜介质微调电容器、瓷介质微调电容器、拉线微调电容器和云母微调电容器等。

3. 电容 C

如图 4.1.3 所示，当电容器极板上所带的电量 Q 增加或减少时，两极板间的电压 U 也随之增加或减少，但 Q 与 U 的比值是一个恒量，不同的电容器，Q/U 的值不同。

电容器所带电量与两极板间电压之比，称为电容器的电容

$$C = \frac{Q}{U}$$

电容反映了电容器储存电荷能力的大小，它只与电容本身的性质有关，与电容器所带的电量及电容器两极板间的电压无关。

电容的单位有法拉（F）、微法（μF）、皮法（pF），它们之间的关系为

$$1F = 10^6 \mu F = 10^{12} pF$$

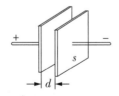

图 4.1.3　平行板电容器

图 4.1.3 所示的平行板电容器的电容 C，跟介电常数 ε 成正比，跟两极板正对的面积 S 成正比，跟极板间的距离成 d 反比，即

$$C = \frac{\varepsilon S}{d}$$

式中，介电常数 ε 由介质的性质决定，单位是 F/m。真空介电常数为

$$\varepsilon_0 \approx 8.86 \times 10^{-12} \text{F/m}。$$

某种介质的介电常数 ε 与真空介电常数 ε_0 之比，叫作该介质的相对介电常数，用 ε_r 表示，即

$$\varepsilon_r = \varepsilon/\varepsilon_0$$

表 4.1.1 给出了几种常用介质的相对介电常数。

表 4.1.1 几种常用介质的相对介电常数

介质名称	相对介电常数	介质名称	相对介电常数
石英	4.2	聚苯乙烯	2.2
空气	1.0	三氧化二铝	8.5
硬橡胶	3.5	无线电瓷	6~6.5
酒精	35	超高频瓷	7~8.5
纯水	80	五氧化二钽	11.6
云母	7.0		

4. 电容器的主要技术参数

(1)标称容量和精度

容量是电容器的基本参数，数值标在电容体上，不同类别的电容器有不同系列的标称值。常用的标称系列与电阻的标称系列相同。应注意，某些电容的体积过小，常常在标注容量时不标单位符号只标数值，这就需要根据电容器的材料、外形尺寸、耐压等因素加以判断，以读出真实容量值。电容器的容量精度等级较低，一般分为三级，即 ±5%、±10%、±20%，或写成Ⅰ级、Ⅱ级、Ⅲ级。有的电解电容器的容量误差可能大于20%。

(2)额定直流工作电压(耐压)

电容器的耐压是表示电容器接入电路后，能长期连续可靠地工作而不被击穿时所承受的最大直流电压。使用时绝对不允许超过这个耐压值，如果超过，电容器就要损坏或被击穿。如果电压超过耐压值很多，电容器则可能会爆裂。如果电容器用在交流电路中，其最大值不能超过额定直流工作电压。

5. 电容器的命名和标识方法

(1)电容器的命名方法

根据国家标准，电容器型号的命名由四部分内容组成，其中第三部分(特征)作为补充，说明电容器的某些特征，如无说明，则只需三部分，即两个字母一个数字。大多数电容器的型号由三部分内容组成，如图 4.1.4 所示。

电容器的标识格式中用字母表示产品的材料，见表 4.1.2。

电容器的标识格式中用数字表示产品的分类。

例如：CC224——瓷片电容器，0.22μF；

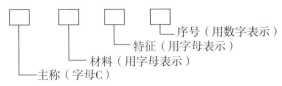

图 4.1.4 电容器的命名格式

表 4.1.2 用字母表示产品的材料

字母	电容介质材料	字母	电容介质材料
A	钽电解	L	涤纶等极性有机薄膜
B	聚苯乙烯等非极性薄膜	N	铌电解
C	高频陶瓷	O	玻璃膜
D	铝电解	Q	漆膜
E	其他材料电解	T	低频陶瓷
G	合金电解	V	云母纸
H	复合介质	Y	云母
I	玻璃釉	Z	纸介
J	金属化纸	BB	聚丙烯

（2）电容器的标识方法

①直标法。

容量单位：F（法[拉]）、mF（毫法）、F（微法）、nF（纳法）、pF（皮法）。

$1F = 10^3 mF = 10^6 \mu F = 10^9 nF = 10^{12} pF$

例如：4n7——4.7 nF 或 4700 pF；

　　　0.33——0.33 μF；

　　　3300——3300 pF 或 0.33 nF；

　　　510——510 pF。

没标识单位的读法是：对于普通电容器标识数字为整数的，容量单位为 pF；标识数字为小数的容量单位为 μF。对于电解电容器，省略不标出的单位是 μF。

电容器误差表示方法也有多种，如不注意就会产生误会。

直接表示：如 10 ± 0.5 pF，误差就是 ± 0.5 pF。

字母表示：D = ±0.5%，F = ±1%，G = ±2%，J = ±5%，K = ±10%，M = ±20%、N = ±30%。例如，224K 表示电容值为 0.22F，相对误差为 ±10%，不要误认为是 224×10^3 pF。

②数码表示法。

一般用三位数字来表示容量的大小，单位为 pF。前两位为有效数字，后一位表示倍率，即乘以 10^i，i 为第三位数字，若第三位为数字 9，则乘 10^{-1}。

例如：222——$22 \times 10^2 = 2200$ pF；

479——$47 \times 10^{-1} \text{pF}$。

③色码表示法。

这种表示法与电阻器的色环标志法类似，颜色涂在电容器的一端或顶端向引脚排列。色码一般只有三种颜色，前两环为有效数字，第三环为倍率，单位为 pF。

例如：红红橙——$22 \times 103 \text{ pF}$。

6. 电容器的质量判别

（1）对于容量大于 5100 pF 的电容器，可用万用表 $R \times 10\text{k}$ 挡、$R \times 1\text{k}$ 挡测量电容器的两引线。正常情况下，表针先向 R 为零的方向摆去，然后向 $R \to \infty$ 方向退回（充电）。如果退不到 ∞，而是停在某一数值上，指针稳定后的阻值就是电容器的绝缘电阻（也称漏电电阻）。一般的电容器绝缘电阻在几十兆欧以上，电解电容器在几兆欧以上。若所测电容器绝缘电阻小于上述值，则表示电容器漏电。绝缘电阻越小，漏电越严重，若绝缘电阻为零，则表明电容器已击穿短路；若表针不动，则表明电容器内部开路。

（2）对于容量小于 5100 pF 的电容，由于充电时间很短，充电电流很小，即使用万用表的高阻值挡测量也看不出表针摆动。所以，可以借助一个 NPN 型的三极管（$\beta \geqslant 100$，I_{CEO} 越小越好）的放大作用来测量。测量方法如图 4.1.5 所示。电容器接到 A、B 两端，由于晶体管的放大作用就可以看到表针摆动。判断好坏同上所述。

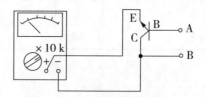

图 4.1.5　小容量电容的测量方法

（3）测电解电容器时应注意电容器的极性，一般正极引线长。注意测量时电源的正极（黑表笔）与电容器的正极相接，电源负极（红表笔）与电容器的负极相接，这种接法称为电容器的正接。电容器的正接比反接时的绝缘电阻大。

当电解电容器极性无法辨别时，可用以上原理来判别。可先任意测一下漏电电阻，记住其大小，然后将电容器两引线短路放掉其内部电荷，然后交换表笔再测量一次。两次测量中阻值大的那一次是正向接法，黑表笔接的是电容器的正极，红表笔接的是电容器的负极。但用这种方法对于漏电小的电容器不易区别极性。

（4）可变电容器的漏电、碰片，可用万用表欧姆挡来检查。将万用表的两只表笔分别与可变电容器的定片和动片引出端相连，同时将电容器来回旋转几下，表针均应在 ∞ 位置不动。如果表针指向零或某一较小的数值，说明可变电容器已发生碰片或漏电严重。

（5）用万用表只能判断电容器的质量好坏，不能测量其电容值是多少，若需精确的测量，则需用电容测量仪进行测量。

二、电容器的连接

1. 电容器的串联

把几个电容器首尾相接连成一个无分支的电路，称为电容器的串联，如图 4.1.6

所示。

串联时每个极板上的电荷量都是 q。

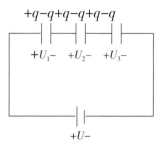

图4.1.6 电容器的串联

设每个电容器的电容分别为 C_1、C_2、C_3，电压分别为 U_1、U_2、U_3，则

$$U_1 = \frac{q}{C_1}, \quad U_2 = \frac{q}{C_2}, \quad U_3 = \frac{q}{C_3}$$

总电压 U 等于各个电容器上的电压之和，所以

$$U = U_1 + U_2 + U_3 = q\left(\frac{1}{C_1} + \frac{1}{C_2} + \frac{1}{C_3}\right)$$

设串联总电容(等效电容)为 C，则由 $C = \frac{q}{U}$，可得

$$\frac{1}{C} = \frac{1}{C_1} + \frac{1}{C_2} + \frac{1}{C_3}$$

即串联电容器总电容的倒数等于各电容器电容的倒数之和。

【**例4.1.1**】如图4.1.6中，$C_1 = C_2 = C_3 = C_0 = 200\ \mu F$，额定工作电压为 50 V，电源电压 $U = 120\ V$，求这组串联电容器的等效电容是多大？每只电容器两端的电压是多大？在此电压下工作是否安全？

解：三只电容串联后的等效电容为

$$C = \frac{C_0}{3} = \frac{200}{3} \approx 66.67\ (\mu F)$$

每只电容器上所带的电荷量为

$$q = q_1 = q_2 = q_3 = CU = 66.67 \times 10^{-6} \times 120 \approx 8 \times 10^{-3}\ (C)$$

每只电容上的电压为

$$U_1 = U_2 = U_3 = \frac{q}{C} = \frac{8 \times 10^{-3}}{200 \times 10^{-6}} = 40\ (V)$$

电容器上的电压小于它的额定电压，因此电容在这种情况下工作是安全的。

【**例4.1.2**】现有两只电容器，其中一只电容器的电容为 $C_1 = 2\ \mu F$，额定工作电压为 160 V，另一只电容器的电容为 $C_2 = 10\ \mu F$，额定工作电压为 250 V。若将这两个电容器串联起来，接在 300 V 的直流电源上，如图4.1.7所示，问每只电容器上的电压是多少？这样使用是否安全？

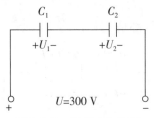

图 4.1.7　例题 4.1.2 图

解： 两只电容器串联后的等效电容为

$$C = \frac{C_1 C_2}{C_1 + C_2} = \frac{2 \times 10}{3 + 10} \approx 1.67 (\mu F)$$

各电容的电容量为

$$q_1 = q_2 = CU = 1.67 \times 10^{-6} \times 300 \approx 5 \times 10^{-4} (C)$$

各电容器上的电压为

$$U_1 = \frac{q_1}{C_1} = \frac{5 \times 10^{-4}}{2 \times 10^{-6}} = 250 (V)$$

$$U_2 = \frac{q_2}{C_2} = \frac{5 \times 10^{-4}}{10 \times 10^{-6}} = 50 (V)$$

由于电容器 C_1 的额定电压是 160 V，而实际加在它上面的电压是 250 V，远大于它的额定电压，所以电容器 C_1 可能会被击穿；当 C_1 被击穿后，300 V 的电压将全部加在 C_2 上，这一电压也大于它的额定电压，因而也可能被击穿。由此可见，这样使用是不安全的。本题中，每个电容器允许充入的电荷量分别为

$$q_1 = 2 \times 10^{-6} \times 160 = 3.2 \times 10^{-4} (C)$$

$$q_2 = 10 \times 10^{-6} \times 250 = 2.5 \times 10^{-3} (C)$$

为了使 C_1 上的电荷量不超过 $3.2 \times 10^{-4} C$，外加总电压应不超过

$$U = \frac{3.2 \times 10^{-4}}{1.67 \times 10^{-6}} \approx 192 (V)$$

电容值不等的电容器串联使用时，每个电容上分配的电压与其电容成反比。

2. 电容器的并联

如图 4.1.8 所示，把几个电容器的一端连在一起，另一端也连在一起的连接方式，叫电容器的并联。

电容器并联时，加在每个电容器上的电压都相等。

设电容器的电容分别为 C_1、C_2、C_3，所带的电量分别为 q_1、q_2、q_3，则

$$q_1 = C_1 U, \quad q_2 = C_2 U, \quad q_3 = C_3 U$$

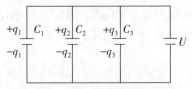

图 4.1.8　电容器的并联

电容器组储存的总电量 q 等于 各个电容器所
带电量之和，即

$$q_1 + q_2 + q_3 = (C_1 + C_2 + C_3)U$$

设并联电容器的总电容(等效电容)为 C，由 $q = CU$ 得

$$C = C_1 + C_2 + C_3$$

即并联电容器的总电容等于各个电容器的电容之和。

【例 4.1.3】电容器 A 的电容为 10 μF，充电后电压为 30 V，电容器 B 的电容为 20 μF，充电后电压为 15 V，把它们并联在一起，其电压是多少？

解：电容器 A、B 连接前的带电量分别为

$$q_1 = C_1 U_1 = 10 \times 10^{-6} \times 30 = 3 \times 10^{-4}(\text{C})$$

$$q_2 = C_2 U_2 = 20 \times 10^{-6} \times 15 = 3 \times 10^{-4}(\text{C})$$

它们的总电荷量为

$$q = q_1 + q_2 = 6 \times 10^{-4}(\text{C})$$

并联后的总电容为

$$C = C_1 + C_2 = 3 \times 10^{-5}(\mu\text{F})$$

连接后的共同电压为

$$U = \frac{q}{C} = \frac{6 \times 10^{-4}}{3 \times 10^{-5}} = 20(\text{V})$$

三、瞬态过程

1. 瞬态过程

瞬态过程又叫作过渡过程。如图 4.1.9 所示的 RC 直流电路，当开关 S 闭合时，电源 E 通过电阻 R 对电容器 C 进行充电，电容器两端的电压由零逐渐上升到 E，只要保持电路状态不变，电容器两端的电压 E 就保持不变。电容器的这个充电过程就是一个瞬态过程。

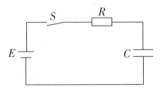

图 4.1.9 电路的过渡过程

电路产生瞬态过程的原因是：
(1)电路中必须含有储能元件(电感或电容)。
(2)电路状态的改变或电路参数的变化。电路的这些变化称为换路。

2. 换路定律

换路使电路的能量发生变化，但不跳变。电容所储存的电场能量为 $\frac{1}{2}Cu_C^2$，电场能量不能跳变反映在电容器上的电压 u_C 不能跳变。电感元件所储存的磁场能量为 $\frac{1}{2}Li_L^2$，

磁场能量不能跳变反映在通过电感线圈中的电流 i_L 不能跳变。设 $t=0$ 为换路瞬间，则以 $t=0_-$ 表示换路前一瞬间，$t=0_+$ 表示换路后一瞬间，换路的时间间隔为零。从 $t=0_-$ 到 $t=0_+$ 瞬间，电容元件上的电压和电感元件中的电流不能跃变，这称为换路定律。

用公式表示为

$$u_{C(0_-)} = u_{C(0_+)}$$
$$i_{L(0_+)} = i_{L(0_-)}$$

3. 电压、电流初始值的计算

电路瞬态过程初始值的计算按下面步骤进行：

根据换路前的电路求出换路前瞬间，即 $t=0_-$ 时的 $u_C(0_-)$ 和 $i_L(0_-)$ 值；

根据换路定律求出换路后瞬间，即 $t=0_+$ 时的 $u_C(0_+)$ 和 $i_L(0_+)$ 值；

根据基尔霍夫定律求电路其他电压和电流在 $t=0_+$ 时的值[把 $u_C(0_+)$ 等效为电压源，$i_L(0+)$ 等效为电流源]。

【例 4.1.4】如图 4.1.10 所示的电路中，已知 $E=12$ V，$R_1=3$ kΩ，$R_2=6$ kΩ，开关 S 闭合前，电容两端电压为零，求开关 S 闭合后各元件电压和各支路电流的初始值。

解： 选定有关电流和电压的参考方向，如图 4.1.10 所示，S 闭合前 $u_C(0_-)=0$。

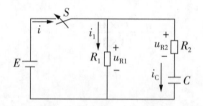

图 4.1.10　例 4.1.4 图

开关闭合后，根据换路定律

$$u_C(0_+) = u_C(0_-) = 0$$

在 $t=0_+$ 时刻，应用基尔霍夫定律，有

$$u_{R1}(0_+) = E = 12(\text{V})$$
$$u_{R2}(0_+) + u_C(0+) = E$$
$$u_{R2}(0_+) = 12(\text{V})$$

所以

$$i_1(0_+) = \frac{u_{R1}(0_+)}{R_1} = \frac{12}{3 \times 10^3}\text{A} = 4(\text{mA})$$

$$i_C(0_+) = \frac{u_{R2}(0_+)}{R_2} = \frac{12}{6 \times 10^3}\text{A} = 2(\text{mA})$$

则

$$i(0_+) = i_C(0_+) + i_1(0_+) = 6 \text{ mA}$$

【例 4.1.5】如图 4.1.11 所示电路中，已知电源电动势 $E=100$ V，$R_1=10$ Ω，$R_2=15$ Ω，开关 S 闭合前电路处于稳态，求开关闭合后各电流及电感上电压的初始值。

解： 选定有关电流和电压的参考方向，如图 4.1.11 所示。

S 闭合前，电路处于稳态，电感相当于短路，则

$$i_1(0_-) = \frac{E}{R_1 + R_2} = \frac{100}{10+15} = 4(\text{A})$$

S 闭合后，R_2 被短接，根据换路定律，有

$$i_{2(0_+)} = 0$$

$$i_{L(0_+)} = i_{L(0_-)} = 4(\text{A})$$

在 0_+ 时刻，应用基尔霍夫定律有

$$i_{L(0_+)} = i_{2(0_+)} + i_{3(0_+)}$$

$$R_1 i_{L(0_+)} + u_{L(0_+)} = E$$

所以

$$i_{3(0_+)} = i_{L(0_+)} = 4(\text{A})$$

$$u_{L(0_+)} = E - R_1 i_{L(0_+)} = (100 - 10 \times 4) = 60(\text{V})$$

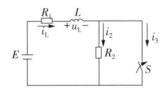

图 4.1.11 例 4.1.5

4. RC 电路的充电

电容充电过程中，随着电容器两极板上所带的电荷量的增加，电容器两端电压逐渐增大，充电电流逐渐减小，当充电结束时，电流为零，电容器两端电压 $U_C = E$。放电过程中，随着电容器极板上电量的减少，电容器两端电压逐渐减小，放电电流也逐渐减小直至为零，此时放电过程结束。充放电过程中，电容器极板上储存的电荷发生了变化，电路中有电流产生。需要说明的是，电容充放电电路中的电流是由于充放电形成的，并非电荷直接通过了介质

如图 4.1.12 中，开关 S 刚合上时，由于 $u_C(0_-) = 0$，所以 $u_C(0_+) = 0$，$u_R(0_+) = E$，该瞬间电路中的电流为

$$i(0_+) = \frac{E}{R}$$

电路中电流开始对电容器充电，u_C 逐渐上升充电电流 i 逐渐减小，u_R 也逐渐减小。当 u_C 趋近于 E，充电电流 i 趋近于 0，充电过程基本结束。理论和实践证明，RC 电路的充电电压电流按指数规律变化。

其数学表达式为

$$i = \frac{E}{R} e^{-\frac{t}{RC}}$$

则

$$u_R = iR = E e^{-\frac{t}{RC}}$$

$$u_C = E(1 - e^{\frac{t}{RC}})$$

式中，$\tau = RC$ 称为时间常数，单位是秒(s)，它反映电容器的充电速率。τ 越大，充电过程越慢。当 $t = (3 \sim 5)\tau$ 时，u_c 为 $(0.95 \sim 0.99)E$，认为充电过程结束。

u_c 和 i 的函数曲线如图 4.1.13 所示。

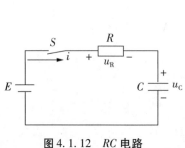

图 4.1.12　RC 电路

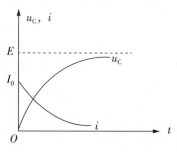

图 4.1.13　u_c、i 随时间变化曲线

【例 4.1.6】在图 4.1.12 所示的电路中，已知 $E = 100$ V，$R = 1\text{M}\Omega$，$C = 50$ μF。问：当闭合后经过多少时间电流减小到其初始值的一半。

解：$\tau = RC = 50$ s 则

$$i = \frac{E}{R}e^{-\frac{t}{RC}} = 100e^{-\frac{t}{50}}(\mu A)$$

$i(0+)$ 的一半为 $\dfrac{E}{R} \times 0.5 = 100 \times 0.5 = (\mu A)$

$$50 = 100 \times e^{-\frac{t}{50}}$$

即

$$e^{-\frac{t}{50}} = 0.5$$

查指数函数表，$\dfrac{t}{50} = 0.693$，则有

$$t = 50 \times 0.693 \approx 34.7\text{s}$$

5. RC 电路的放电

如图 4.1.14 所示，电容器充电至 $u_c = E$ 后，将 S 扳到位置 2，电容器通过电阻 R 放电。电路中的电流及电压都按指数规律变化，其数学表达式为

$$i = \frac{E}{R}e^{-\frac{t}{\tau}}$$

$$u_R = -Ee^{-\frac{t}{\tau}}$$

$$u_c = Ee^{-\frac{t}{\tau}}$$

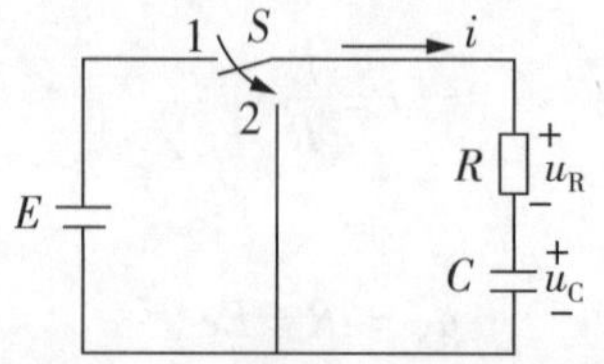

图 4.1.14　电容通过电阻放电电路

$\tau = RC$ 是放电的时间常数。

u_C 和 i 的函数曲线如图 4.1.15 所示。

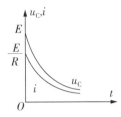

图 4.1.15　电容放电时 u_C，i 随时间变化曲线

【例 4.1.7】图 4.1.16 所示电路中，已知 $C = 0.5\ \mu F$，$R_1 = 100\ \Omega$，$R_2 = 50\ k\Omega$，$E = 200\ V$，当电容器充电至 200 V，将开关 S 由接点 1 转向接点 2，求初始电流、时间常数以及接通后经多长时间电容器电压降至 74 V？

解：

$$i(0_+) = \frac{u_C(0_+)}{R_2} = \frac{200}{50 \times 10^3} = 4 \times 10^{-3}\ (A)$$

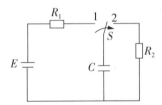

图 4.1.16　例 4.1.7 图

$$\tau = R_2 C = 50 \times 10^3 \times 0.5 \times 10^{-6} s = 25\ (ms)$$

$$e^{-\frac{t}{\tau}} = \frac{u_C}{u_C(0_+)} = \frac{74}{200} = 0.37$$

求得 $t / \tau = 1$，$t = \tau = 25\ (ms)$。

6. RL 电路接通电源

在图 4.1.17 所示的 R_L 串联电路中，S 刚闭合时电路的 i、u_R、u_L 变化的数学表达式为

$$i = \frac{E}{R}(1 - e^{-\frac{L}{R}t}) = \frac{E}{R}(1 - e^{\frac{t}{\tau}})$$

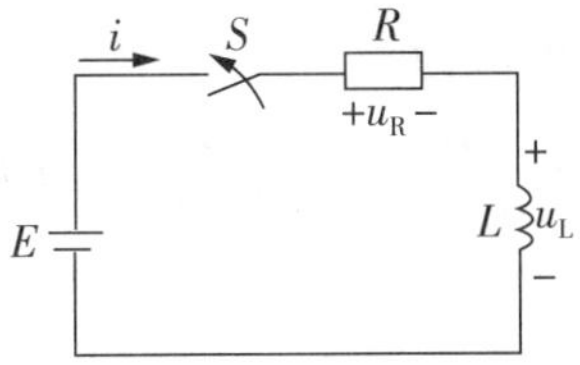

图 4.1.17　RL 电路接通电源

所以
$$u_R = E\left(1 - e^{-\frac{L}{R}t}\right) = E\left(1 - e^{\frac{t}{\tau}}\right)$$
$$u_L = Ee^{\frac{L}{R}t} = Ee^{\frac{t}{\tau}}$$

式中，$\tau = \dfrac{L}{R}$，称为 RL 电路的时间常数，单位为秒(s)，意义和 RC 电路的时间常数 τ 相同。

i、u_R 和 u_L 随时间变化的曲线如图 4.1.18 所示。

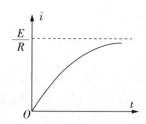 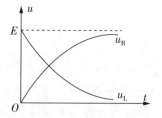

图 4.1.18　RL 电路接通电源时，电流、电压曲线

7. RL 电路切断电源

在图 4.1.19 所示的电路中，S 闭合稳定后，断开 S 的等效电路如图 4.1.20 所示。

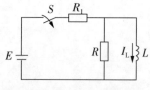 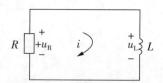

图 4.1.19　RL 电路　　　**图 4.1.20　RL 电路切断电源的等效电路**

i，u_R，u_L 的数学表达式为
$$i = i_L(0_+) e^{\frac{t}{\tau}}$$
$$u_R = u_L = Ri_L(0_+) = Ee^{-\frac{t}{\tau}}$$

式中
$$i_L(0_+) = \frac{E}{R_1}$$

是开关断开瞬时电感线圈中的初始电流。

【**例 4.1.8**】图 4.1.21 中，K 是电阻为 $R = 250\ W$，电感 $L = 25\ H$ 的继电器，$R_1 = 230\ W$，电源电动势 $E = 24\ V$，设这种继电器的释放电流为 $0.004\ A$。

问：当 S 闭合后多少时间继电器开始释放？

解：S 未闭合前，继电器中电流为
$$i_L(0_-) = \frac{E}{R_1 + R} = \frac{24}{230 + 250} = 0.05\ (A)$$

S 闭合后，继电器所在回路的时间常数为
$$\tau = \frac{L}{R} = \frac{25}{250} = 0.1\ (s)$$

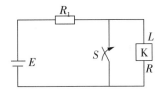

图 4.1.21　例 4.1.8 图

继电器所在回路的电流为：

$$i_L = i_L(0_+)e^{-\frac{t}{\tau}} = 0.05e^{10t}(A)$$

当 i_L 等于释放电流时，继电器开始释放，即

$$0.004 = 0.05e^{-10t}$$

解得

$$t \approx 0.25(s)$$

即 S 闭合后 0.25 s，继电器开始释放。

8. 一阶电路的三要素法

一阶电路是指含有一个储能元件的电路。一阶电路的瞬态过程是电路变量由初始值按指数规律趋向新的稳态值的过程，趋向新稳态值的速度与时间常数有关。其瞬态过程的通式为

$$f(t) = f(\infty) + [f(0_+) - f(\infty)]e^{-\frac{t}{\tau}}$$

式中，$f(0_+)$ 为瞬态变量的初始值；$f(\infty)$ 为瞬态变量的稳态值；τ 为电路的时间常数。

可见，只要求出 $f(0_+)$、$f(\infty)$ 和 τ 就可写出瞬态过程的表达式。

把 $f(0_+)$、$f(\infty)$ 和 τ 称为三要素，这种方法称三要素法。

如 RC 串联电路的电容充电过程，$u_c(0_+) = 0$，$u_c(\infty) = E$，$\tau = RC$，则

$$u_c(t) = u_c(\infty) + [u_c(0_+) - u_c(\infty)]e^{-\frac{t}{\tau}}$$

$\tau = RC$ 或 $\tau = \dfrac{L}{R}$，R 为换路后从储能元件两端看进去的电阻。

结果与理论推导的完全相同，关键是三要素的计算。

$f(0_+)$ 由换路定律求得，$f(\infty)$ 是电容相当于开路，电感相当于短路时求得的新稳态值。

【例 4.1.9】如图 4.1.22 所示的电路中，已知 $E = 6$ V，$R_1 = 10$ kΩ，$R_2 = 20$ kΩ，$C = 30$ μF，开关 S 闭合前，电容两端电压为零。求：S 闭合后电容元件上的电压？

解：

$$u_c(0_+) = u_c(0_-) = 0$$

$$u_c(\infty) = \frac{R_1 E}{R_1 + R_2} = \frac{10 \times 6}{10 + 20} = 2(V)$$

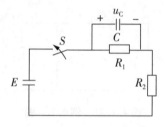

图 4.1.22　例 4.1.9 图

等效电阻

$$R = \frac{R_1 R_2}{R_1 + R_2} = \frac{10 \times 20}{10 + 20} = \frac{20}{3}(\text{k}\Omega)$$

$$\tau = RC = \frac{20}{3} \times 10^3 \times 30 \times 10^{-6} = 0.2(\text{s})$$

则通解为

$$u_C = \left[2 + (0-2)e^{-\frac{t}{0.2}}\right] = 2 - 2e^{-5t} V$$

【例 4.1.10】图 4.1.23 所示电路中，已知 $E = 20$ V，$R_1 = 2$ kW，$R_2 = 3$ kW，$L = 4$ mH。S 闭合前，电路处于稳态，求开关闭合后，电路中的电流。

解：

（1）确定初始值

$$i_L(0_-) = \frac{E}{R_1 + R_2} = \frac{20}{2+3} = 4(\text{mA})$$

$$i_L(0_+) = i_L(0_-) = 4(\text{mA})$$

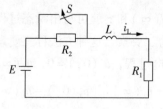

图 4.1.23　例 4.1.10

（2）确定稳态值

$$i_L(\infty) = \frac{E}{R_1} = \frac{20}{2 \times 10^3} A = 10(\text{mA})$$

（3）确定时间常数

$$R = R_1 = 2(\text{k}\Omega)$$

$$\tau = \frac{L}{R} = \frac{4 \times 10^{-3}}{2 \times 10^3} = 2 \times 10^{-6} = 2(\mu s)$$

则通解为

$$i_L = \left[10 + (4-10)e^{-\frac{t}{2 \times 10^{-6}}}\right] = (10 - 6e^{-5 \times 10^6 t})(\text{mA})$$

9. 微分电路

微分电路和积分电路是 RC 一阶电路中比较典型的电路，对电路元件参数和输入信号的周期有着特定的要求。微分电路必须满足两个条件：一是输出电压必须从电阻两端取出，二是由于 R 值很小，因而 $\tau = RC \ll t_p$，其中 t_p 为输入矩形方波 u_i 的 1/2 周期。如图 4.1.24 所示，因为此时电路的输出信号电压近似与输入信号电压的导数成正比，故称为微分电路。

只有当时间常数远小于脉宽时，才能使输出很迅速地反映出输入的跃变部分。而当输入跃变进入恒定区域时，输出也近似为零，形成一个尖峰脉冲波，故微分电路可以将矩形波转变成尖脉冲波，且脉冲宽度越窄，输入与输出越接近微分关系。

10. 积分电路

积分电路必须满足两个条件：一是输出电压必须从电容两端取出，二是 $\tau = R_c \gg t_p$。如图 4.1.25 所示，因为此时电路的输出信号电压近似与输入信号电压对时间的积分成正比，故称为积分电路。

由于 $\tau = R_c \gg t_p$，因此充放电很缓慢，U_c 增长和衰减很缓慢。充电时 $U_o = U_c \ll U_R$，因此 $U_i = U_R + U_o \approx U_R$。积分电路能把矩形波转换为三角波、锯齿波。为了得到线性度好且具有一定幅度的三角波，需要掌握时间常数 τ 与输入脉冲宽度的关系。方波的脉宽越小电路的时间常数 τ 越大，充放电越缓慢，所得到三角波的线性越好，但幅度亦随之下降。

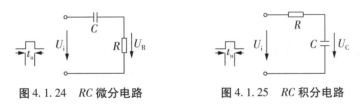

图 4.1.24　RC 微分电路　　　　图 4.1.25　RC 积分电路

11. 电容器中的电场能量

电容器在充电过程中，两极板上电荷积累，极板间形成电场。电场具有能量，此能量是从电源吸取过来储存在电容器中的，当充电结束时，电容器两极板间的电压达到稳定值 U_c，此时，电容器所储存的电场能量应为整个充电过程中电源运送电荷所做的功之和，利用积分的方法可得

$$W_c = \frac{1}{2} q U_c = \frac{1}{2} C U_c^2$$

式中，电容 C 的单位为 F；电压 U_c 的单位为 V；电荷量 q 的单位为 C，能量的单位为 J。

电容器中储存的能量与电容器的电容成正比，与电容器两极板间电压的平方成正比。

当电容器两端电压增加时，电容器从电源吸收能量并储存起来；当电容器两端电压降低时，电容器便把它原来所储存的能量释放出来。即电容器本身只与电源进行能量交换，而并不损耗能量，因此电容器是一种储能元件。

实际的电容器由于介质漏电及其他原因，也要消耗一些能量，使电容器发热，这种能量消耗称为电容器的损耗。

【任务实施】

实训 4.1.1　一阶电路的响应测试

一、实验目的

(1)测定 RC 一阶电路的零输入响应、零状态响应及完全响应。

(2)学习电路时间常数的测量方法。

(3)掌握有关微分电路和积分电路的概念。

(4)进一步学会用示波器观测波形。

二、原理说明

(1)动态网络的过渡过程是十分短暂的单次变化过程。要用普通示波器观察过渡过程和测量有关的参数,就必须使这种单次变化的过程重复出现。为此,我们利用信号发生器输出的方波来模拟阶跃激励信号,即利用方波输出的上升沿作为零状态响应的正阶跃激励信号;利用方波的下降沿作为零输入响应的负阶跃激励信号。只要选择方波的重复周期远大于电路的时间常数 τ,那么电路在这样的方波序列脉冲信号的激励下,它的响应就和直流电接通与断开的过渡过程是基本相同的。

(2)图 4.1.26(b)所示的 RC 一阶电路,其零输入响应和零状态响应分别按指数规律衰减和增长,其变化的快慢决定于电路的时间常数 τ。

(3)时间常数 τ 的测定方法如下:

用示波器测量零输入响应的波形如图 4.1.26(a)所示。

根据一阶微分方程的求解得知,当 $t = \tau$ 时,$U_c(\tau) = 0.368U_m$。此时所对应的时间就等于 τ。τ 亦可用零状态响应波形增加到 $0.632U_m$ 所对应的时间测得,如图 4.1.26(c)所示。

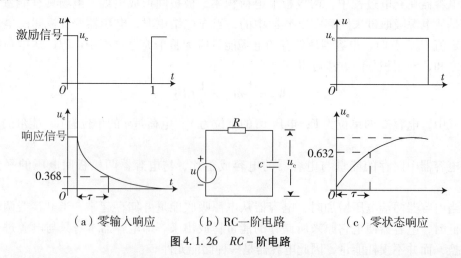

(a)零输入响应　　(b)RC一阶电路　　(c)零状态响应

图 4.1.26　RC - 阶电路

(4)微分电路和积分电路是 RC 一阶电路中较典型的电路,它对电路元件参数和输入信号的周期有着特定的要求。一个简单的 RC 串联电路，在方波序列脉冲的重复激励下，当满足 $\tau=RC\ll\dfrac{T}{2}$ 时（T 为方波脉冲的重复周期），且由 R 两端的电压作为响应输出，这就是一个微分电路。因为此时电路的输出信号电压与输入信号电压的微分成正比，如图 4.1.27(a) 所示。利用微分电路可以将方波转变成尖脉冲。

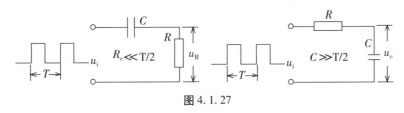

图 4.1.27

若将图 4.1.27(a) 中的 R 与 C 位置调换一下，如图 4.1.27(b) 所示，由 C 两端的电压作为响应输出。当电路的参数满足 $\tau=RC\gg\dfrac{T}{2}$ 条件时，即称为积分电路。因为此时电路的输出信号电压与输入信号电压的积分成正比。利用积分电路可以将方波转变成三角波。

从输入输出波形来看，上述两个电路均起着波形变换的作用，请在实验过程中仔细观察与记录。

三、实验设备

序号	名称	型号与规格	数量	备注
1	脉冲信号发生器		1	
2	双踪示波器		1	
3	电阻器		1	R_{06}
4	电容器		1	C_{14}
5	电位器		1	RP_6

四、实验内容

(1) 从电路板上选 $R=10\ \text{k}\Omega$，$C=0.01\ \text{pF}$ 组成如图 4.1.26(b) 所示的 RC 充放电电路。u 为信号发生器输出的 $U_{P-P}=3\ \text{V}$、$f=1\ \text{kHz}$ 的方波电压信号，并通过两根同轴电缆线，将激励源 u 和响应 uc 的信号分别连至示波器的两个输入口 Y_A 和 Y_B。这时可在示波器的屏幕上观察到激励与响应的变化规律，请测算出时间常数 τ，并用方格纸按 1∶1 的比例描绘波形。

少量地改变电容值或电阻值，定性地观察对响应的影响，记录观察到的现象。

(2) 令 $R=10\ \text{k}\Omega$，$C=0.1\ \mu\text{F}$，观察并描绘响应的波形，继续增大 C 之值，定性地观察对响应的影响。

(3) 令 $C=0.01\ \mu\text{F}$，$R=100\ \Omega$，组成如图 4.1.27(a) 所示的微分电路。在同样的方波激励信号（$U_{P-P}=3\ \text{V}$，$f=1\ \text{kHz}$）作用下，观测并描绘激励与响应的波形。

增减 R 的值，定性地观察对响应的影响，并作记录。当 R 增至 $1\,M\Omega$ 时，输入输出波形有何本质上的区别？

五、实验注意事项

（1）调节电子仪器各旋钮时，动作不要过快、过猛。实验前，需熟读双踪示波器的使用说明书。观察双踪时，要特别注意相应开关、旋钮的操作与调节。

（2）信号源的接地端与示波器的接地端要连在一起（称共地），以防外界干扰而影响测量的准确性。

（3）示波器的辉度不应过亮，尤其是光点长期停留在荧光屏上不动时，应将辉度调暗，以延长示波管的使用寿命。

六、预习思考题

（1）什么样的电信号可作为 RC 一阶电路零输入响应、零状态响应和完全响应的激励信号？

（2）已知 RC 一阶电路 $R=10k\Omega$，$C=0.1\,\mu F$，试计算时间常数 τ，并根据 τ 值的物理意义，拟定测量 τ 的方案。

（3）何谓积分电路和微分电路？它们必须具备什么条件？它们在方波序列脉冲的激励下，其输出信号波形的变化规律如何？这两种电路有何作用？

（4）预习要求：熟读仪器使用说明，回答上述问题，准备方格纸。

七、实验报告

（1）根据实验观测结果，在方格纸上绘出 RC 一阶电路充放电时 u_c 的变化曲线，由曲线测得 τ 值，并与参数值的计算结果作比较，分析误差原因。

（2）根据实验观测结果，归纳、总结积分电路和微分电路的形成条件，阐明波形变换的特征。

（3）心得体会及其他。

【习题四】

4.1 如图 4.1 所示电路换路前已处于稳态，试求换路后各电流的初始值。

4.2 如图 4.2 所示电路在 $t=0$ 时开关 S 闭合，试求 u_c。

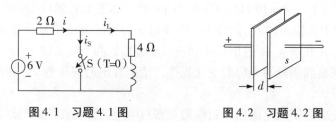

图 4.1　习题 4.1 图　　　　图 4.2　习题 4.2 图

4.3 如图 4.3 所示电路中，$t=0$ 时开关 $=S$ 由 1 合向 2，换路前电路处于稳态，试求换路后的 i_L 和 u_L。

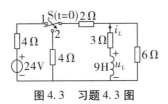

图 4.3　习题 4.3 图

4.4 如图 4.4 所示电路原先处于直流稳态，$t = 0$ 时开关 S 打开。试求换路后电流 i。

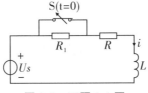

图 4.4　习题 4.4 图

4.5 电路如图 4.5 所示，$t = 0$ 时开关 S 闭合，$u_c(0_-) = 0$。求换路后的 u_c、i_c 和 i。

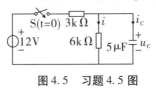

图 4.5　习题 4.5 图

4.6 电路如图 4.6 所示，在 $t = 0$ 时刻开关 S 闭合，已知 $i_L(0_-) = 0$，求 $t \geqslant 0$ 时的 i_L 和 u_L，并画出它们的波形。

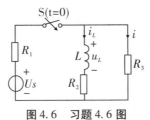

图 4.6　习题 4.6 图

4.7 如图 4.7 所示电路，$t = 0$ 时刻开关 S 闭合，换路前电路已处于稳态。求换路后的 u_c 和 u_L。

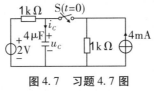

图 4.7　习题 4.7 图

4.8 如图 4.8 所示电路换路前处于稳态，试用三要素法求换路后的全响应 u_c。图中 $C = 0.01\,\mathrm{F}$，$R_1 = R_2 = 10\,\Omega$，$R_3 = 20\,\Omega$，$U_S = 10\,\mathrm{V}$，$I_S = 1\,\mathrm{A}$。

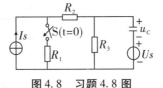

图 4.8　习题 4.8 图

项目五　磁　路

任务一　磁路的研究

【任务描述】

通过磁路的研究，了解磁路欧姆定律、交流铁芯线圈、自感现象、互感现象、互感电路等。

【知识学习】

一、磁场和磁路的基本知识

1. 磁场的基本概念

磁场：磁体周围存在的一种特殊的物质叫磁场。磁体间的相互作用力是通过磁场传送的。磁体间的相互作用力称为磁场力，同名磁极相互排斥，异名磁极相互吸引。

磁场的性质：磁场具有力的性质和能量性质。

磁场方向：在磁场中某点放一个可自由转动的小磁针，N 极所指的方向即为该点的磁场方向。

磁感线：在磁场中画一系列曲线，使曲线上每一点的切线方向都与该点的磁场方向相同，这些曲线称为磁感线，如图 5.1.1 所示。

2. 磁感线的特点

(1)磁感线的切线方向表示磁场方向，其疏密程度表示磁场的强弱。

(2)磁感线是闭合曲线，在磁体外部，磁感线由 N 极出来，绕到 S 极；在磁体内部，磁感线的方向由 S 极指向 N 极。

(3)任意两条磁感线不相交。

说明：磁感线是为研究问题方便人为引入的假想曲线，实际上并不存在。图 5.1.2 所示为条形磁铁的磁感线的形状。

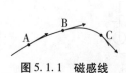

图 5.1.1　磁感线

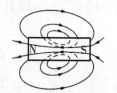

图 5.1.2　条形磁铁的磁感线

　　匀强磁场：在磁场中某一区域，若磁场的大小方向都相同，这部分磁场称为匀强磁场。匀强磁场的磁感线是一系列疏密均匀、相互平行的直线。

　　电流的磁场：直线电流所产生的磁场方向可用安培定则来判定，方法是：用右手握住导线，让拇指指向电流方向，四指所指的方向就是磁感线的环绕方向。

　　环形电流的磁场方向也可用安培定则来判定，方法是：让右手弯曲的四指和环形电流方向一致，伸直的拇指所指的方向就是导线环中心轴线上的磁感线方向。

　　螺线管通电后，磁场方向仍可用安培定则来判定：用右手握住螺线管，四指指向电流的方向，拇指所指的方向就是螺线管内部的磁感线方向。

　　电流的磁效应：磁线周围存在磁场的现象称为电流的磁效应。电流的磁效应揭示了磁现象的电本质。

　　磁感应强度 B：磁场中垂直于磁场方向的通电直导线，所受的磁场力 F 与电流 I 和导线长度 l 的乘积 Il 的比值叫作通电直导线所在处的磁感应强度 B。即

$$B = \frac{F}{Il}$$

　　磁感应强度是描述磁场强弱和方向的物理量。磁感应强度是一个矢量，它的方向即为该点的磁场方向：在国际单位制中，磁感应强度的单位是特斯拉(T)。

　　用磁感线可形象的描述磁感应强度 B 的大小，B 较大的地方，磁场较强，磁感线较密；B 较小的地方，磁场较弱，磁感线较稀；磁感线的切线方向即为该点磁感应强度 B 的方向。

　　匀强磁场中各点的磁感应强度大小和方向均相同。

　　3. 磁通

　　在磁感应强度为 B 的匀强磁场中取一个与磁场方向垂直、面积为 S 的平面，则 B 与 S 的乘积，叫作穿过这个平面的磁通量 Φ，简称磁通。即

$$\Phi = BS$$

　　磁通的国际单位是韦伯(Wb)。

　　由磁通的定义式，可得

$$B = \frac{\Phi}{S}$$

　　即磁感应强度 B 可看作是通过单位面积的磁通，因此磁感应强度 B 也常叫作磁通密度，并用 Wb/m^2 作单位。

　　4. 磁场强度

　　在各向同性的媒介质中，某点的磁感应强度 B 与磁导率 μ 之比称为该点的磁场强度，记做 H。即

$$H = \frac{B}{\mu}$$

$$B = \mu H = \mu_0 \mu_r H$$

　　磁场强度 H 也是矢量，其方向与磁感应强度 B 同向，国际单位是：安培/米（A/m）。

　　必须注意：磁场中各点的磁场强度 H 的大小只与产生磁场的电流 I 的大小和导体

的形状有关，与磁介质的性质无关。

5. 磁导率

磁导率 μ：磁场中各点的磁感应强度 B 的大小不仅与产生磁场的电流和导体有关，还与磁场内媒介质(又叫作磁介质)的导磁性质有关。在磁场中放入磁介质时，介质的磁感应强度 B 将发生变化，磁介质对磁场的影响程度取决于它本身的导磁性能。

物质导磁性能的强弱用磁导率 μ 来表示。μ 的单位是亨利/米(H/m)。不同的物质磁导率不同。在相同的条件下，μ 值越大，磁感应强度 B 越大，磁场越强；μ 值越小，磁感应强度 B 越小，磁场越弱。

真空中的磁导率是一个常数，用 μ_0 表示

$$\mu_0 = 4\pi \times 10^{-7}\text{H/m}$$

相对磁导率 μ_r：为便于对各种物质的导磁性能进行比较，以真空磁导率 μ_0 为基准，将其他物质的磁导率 μ 与 μ_0 相比，其比值叫作相对磁导率，用 μ_r 表示，即

$$\mu_r = \frac{\mu}{\mu_0}$$

根据相对磁导率 μ_r 的大小，可将物质分为三类：

(1)顺磁性物质：μ_r 略大于 1，如空气、氧、锡、铝、铅等物质都是顺磁性物质。在磁场中放置顺磁性物质，磁感应强度 B 略有增加。

(2)反磁性物质：μ_r 略小于 1，如氢、铜、石墨、银、锌等物质都是反磁性物质，又叫作抗磁性物质。在磁场中放置反磁性物质，磁感应强度 B 略有减小。

(3)铁磁性物质：$\mu_r \gg 1$ 且不是常数，如铁、钢、铸铁、镍、钴等物质都是铁磁性物质。在磁场中放入铁磁性物质，可使磁感应强度 B 增加几千甚至几万倍。

表 5.1.1 列出了几种常用的铁磁性物质的相对磁导率。

表 5.1.1　几种常用铁磁性物质的相对磁导率

材料	相对磁导率	材料	相对磁导率
钴	174	已经退火的铁	7000
未经退火的铸铁	240	变压器钢片	7500
已经退火的铸铁	620	在真空中熔化的电解铁	12950
镍	1120	镍铁合金	60000
软钢	2180	"C"型玻莫合金	115000

6. 铁磁物质的磁化

(1)铁磁性物质的磁化

磁化：本来不具备磁性的物质，由于受磁场的作用而具有了磁性的现象称为该物质被磁化。只有铁磁性物质才能被磁化。

被磁化的原因如下：

①内因：铁磁性物质是由许多被称为磁畴的磁性小区域组成的，每一个磁畴相当于一个小磁铁。

②外因：有外磁场的作用。

如图 5.1.13(a)所示，当无外磁场作用时，磁畴排列杂乱无章，磁性相互抵消，对外不显磁性；如图 5.1.13(b)、(c)所示，当有外磁场作用时，磁畴将沿着磁场方向作取向排列，形成附加磁场，使磁场显著加强。有些铁磁性物质在撤去磁场后，磁畴的一部分或大部分仍然保持取向一致，对外仍显磁性，即成为永久磁铁。

③不同的铁磁性物质，磁化后的磁性不同。

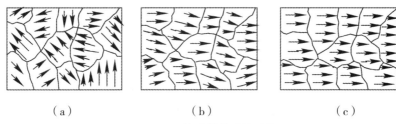

图 5.1.3　铁磁性物质的磁化

(2)铁磁性物质被磁化的性能，被广泛地应用于电子和电气设备中，如变压器、继电器、电机等。

(3)磁化曲线

①磁化曲线的定义：磁化曲线是用来描述铁磁性物质的磁化特性的。铁磁性物质的磁感应强度 B 随磁场强度 H 变化的曲线，称为磁化曲线，也叫 $B-H$ 曲线。

②磁化曲线的测定：

图 5.1.4 中，图(a)是测量磁化曲线装置的示意图，图(b)是根据测量值做出的磁化曲线。由图 5.1.14(b)可以看出，B 与 H 的关系是非线性的，即 $\mu = \dfrac{B}{H}$ 不是常数。

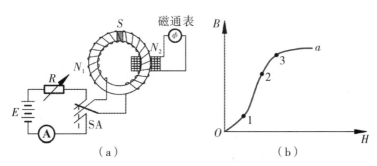

图 5.1.4　磁化曲线的测定

③磁化曲线的分析。

a. 0～1 阶段：曲线上升缓慢，这是由于磁畴的惯性，当 H 从零开始增加时，B 增加缓慢，称为起始磁化段。

b. 1～2 阶段：随着 H 的增大，B 几乎直线上升，这是由于磁畴在外磁场作用下，大部分都趋向 H 方向，B 增加很快，曲线很陡，称为直线段。

c. 2～3 阶段：随着 H 的增加，B 的上升又缓慢了，这是由于大部分磁畴方向已转向 H 方向，随着 H 的增加只有少数磁畴继续转向，B 增加变慢。

d.3 点以后：到达 3 点以后，磁畴几乎全部转到了外磁场方向，再增大 H 值，B 也几乎不再增加，曲线变得平坦，称为饱和段，此时的磁感应强度叫饱和磁感应强度。

不同的铁磁性物质，B 的饱和值不同，对同一种材料，B 的饱和值是一定的。电机和变压器，通常工作在曲线的 2～3 阶段，即接近饱和的地方。

磁化曲线的意义：在磁化曲线中，已知 H 值就可查出对应的 B 值。因此，在计算介质中的磁场问题时，磁化曲线是一个很重要的依据。

图 5.1.5 给出了几种不同铁磁性物质的磁化曲线，从曲线上可看出，在相同的磁场强度 H 下，硅钢片的 B 值最大，铸铁的 B 值最小，说明硅钢片的导磁性能比铸铁要好得多。

（4）磁滞回线

磁化曲线只反映了铁磁性物质在外磁场由零逐渐增强的磁化过程，而在很多实际应用中，铁磁性物质是工作在交变磁场中的。所以，必须研究铁磁性物质反复交变磁化的问题。

图 5.1.6 为通过实验测定的某种铁磁性物质的磁滞回线。

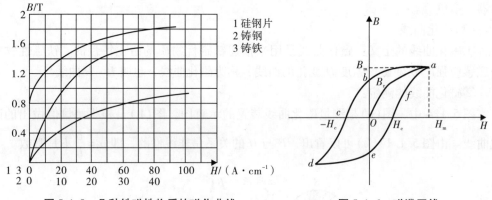

图 5.1.5　几种铁磁性物质的磁化曲线　　　　图 5.1.6　磁滞回线

①当 B 随 H 沿起始磁化曲线达到饱和值以后，逐渐减小 H 的数值，由图 5.1.6 可看出，B 并不沿起始磁化曲线减小，而是沿另一条在它上面的曲线 ab 下降。

②当 H 减小到零时，B≠0，而是保留一定的值，称为剩磁，用 B_r 表示。永久性磁铁就是利用剩磁很大的铁磁性物质制成的。

③为消除剩磁，必须加反向磁场，随着反向磁场的增强，铁磁性物质逐渐退磁，当反向磁场增大到一定值时，B 值为 0，剩磁完全消失，如图 5.1.6bc 段。bc 段曲线叫退磁曲线，这时 H 值是为克服剩磁所加的磁场强度，称为矫顽磁力，用 H_c 表示。矫顽磁力的大小反映了铁磁性物质保存剩磁的能力。

④当反向磁场继续增大时，B 值从 0 起改变方向，沿曲线 cd 变化，并能达到反向饱和点 d。

⑤使反向磁场减弱到 0，B–H 曲线沿 de 变化，在 e 点 H＝0，再逐渐增大正向磁场，B–H 曲线沿 efa 变化，完成一个循环。

⑥从整个过程看，B 的变化总是落后于 H，这种现象称为磁滞现象。经过多次循

环，可得到一个封闭的对称于原点的闭合曲线($abcdefa$)，称为磁滞回线。

⑦改变交变磁场强度 H 的幅值，可相应得到一系列大小不一的磁滞回线，如图 5.1.7 所示。连接各条对称的磁滞回线的顶点，得到一条磁化曲线，叫基本磁化曲线。

铁磁性物质在交变磁化时，磁畴来回翻转，在这个过程中，产生了能量损耗，称为磁滞损耗。磁滞回线包围的面积越大，磁滞损耗就越大，所以剩磁和矫顽磁力越大的铁磁性物质，磁滞损耗就越大。因此，磁滞回线的形状常被用来判断铁磁性物质的性质和作为选择材料的依据。

磁路：磁通经过的闭合路径叫磁路。磁路和电路一样，分为有分支磁路和无分支磁路两种类型。图5.1.8 给出了无分支磁路，图5.1.9 给出了有分支磁路。在无分支磁路中，通过每一个横截面的磁通都相等。

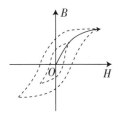

图 5.1.7　基本磁化曲线

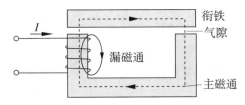

图 5.1.8　主磁通和漏磁通

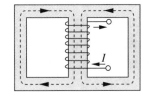

图 5.1.9　有分支磁路

7. 磁路的欧姆定律

根据磁路的欧姆定律 $\Phi = \dfrac{E_m}{R_m}$，将 $\Phi = BS$、$E_m = NI$、$R_m = \dfrac{1}{\mu S}$ 代入，可得

$$B = \mu \frac{IN}{l}$$

将上式与 $B = \mu H$ 对照，可得

$$H = \frac{IN}{l} \text{或} IN = Hl$$

即磁路中磁场强度 H 与磁路的平均长度 l 的乘积，在数值上等于激发磁场的磁动势，这就是全电流定律。

磁场强度 H 与磁路平均长度 l 的乘积，又称磁位差，用 U_m 表示，即

$$U_m = Hl$$

磁位差 U_m 的单位为安培(A)。

若所研究的磁路具有不同的截面，并且是由不同的材料构成的，则可以把磁路分

成许多段来考虑，于是有

$$IN = H_1 l_1 + H_2 l_2 + \cdots + H_n l_n$$

或

$$IN = \sum Hl = \sum U_m$$

【例5.1.1】匀强磁场的磁感应强度为5×10^{-2}T，媒介质是空气，与磁场方向平行的线段长10cm，求这一线段上的磁位差。

解：$H = \dfrac{B}{\mu} = \dfrac{B}{\mu_0} = \dfrac{5 \times 10^{-2}}{4\pi \times 10^{-7}} \approx 39809(\text{A/m})$，$U_m = Hl = 39809 \times 0.1 = 3980.9(\text{A})$

8. 安培环路定律(全电流定律)

磁动势：通电线圈产生的磁通Φ与线圈的匝数N和线圈中所通过的电流I的乘积成正比。把通过线圈的电流I与线圈匝数N的乘积，称为磁动势，也叫磁通势，即

$$E_m = NI$$

磁动势E_m的单位是安培(A)。

磁阻：磁阻就是磁通通过磁路时所受到的阻碍作用，用R_m表示。磁路中磁阻的大小与磁路的长度l成正比，与磁路的横截面积S成反比，并与组成磁路的材料性质有关。因此有

$$R_m = \frac{1}{\mu S}$$

式中，μ为磁导率，单位 H/m；长度l和截面积S的单位分别为 m 和 m²。因此，磁阻R_m的单位为1/亨(H⁻¹)。由于磁导率μ不是常数，所以R_m也不是常数。

(1)磁路欧姆定律

通过磁路的磁通与磁动势成正比，与磁阻成反比，即

$$\Phi = \frac{E_m}{R_m}$$

上式与电路的欧姆定律相似，磁通Φ对应于电流I，磁动势E_m对应于电动势E，磁阻R_m对应于电阻R。因此，这一关系称为磁路欧姆定律。

(2)磁路与电路的对应关系

磁路中的某些物理量与电路中的某些物理量有对应关系，同时磁路中某些物理量之间与电路中某些物理量之间也有相似的关系。

图5.1.10是相对应的两种电路和磁路。

表5.1.2列出了电路与磁路对应的物理量及其关系式。

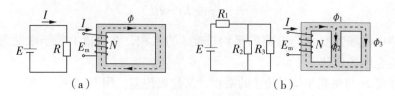

图5.1.10 对应的磁路和电路

表 5.1.2　磁路和电路中对应的物理量及其关系式

项目	电路			磁路
电流	I	磁通		Φ
电阻	$R = \rho \dfrac{l}{S}$	磁阻		$R_{\mathrm{m}} = \dfrac{l}{\mu S}$
电阻率	ρ	磁导率		μ
电动势	E	磁动势		$E_{\mathrm{m}} = IN$
电路欧姆定律	$I = \dfrac{E}{R}$	磁路欧姆定律		$\Phi = \dfrac{E_{\mathrm{m}}}{R_{\mathrm{m}}}$

二、交流铁心线圈

1. 磁感应现象

在发现了电流的磁效应后，人们自然想到：既然电能够产生磁，磁能否产生电呢？由实验可知，当闭合回路中一部分导体在磁场中做切割磁感应线运动时，回路中就会有电流产生。当穿过闭合线圈的磁通发生变化时，线圈中有电流产生。在一定条件下，由磁产生电的现象，称为电磁感应现象，产生的电流叫作感应电流。

产生电磁感应的条件是：穿过闭合回路的磁通发生变化。

2. 电磁感应定律

（1）感应电动势

电磁感应现象中，闭合回路中产生了感应电流，说明回路中有电动势存在。在电磁感应现象中产生的电动势叫感应电动势。产生感应电动势的那部分导体，就相当于电源，如在磁场中切割磁感应线的导体和磁通发生变化的线圈等。

（2）感应电动势的方向

在电源内部，电流从电源负极流向正极，电动势的方向也是由负极指向正极，因此感应电动势的方向与感应电流的方向一致，仍可用右手定则和楞次定律来判断。注意：对电源来说，电流流出的一端为电源的正极。

（3）电磁感应定律

大量的实验表明：单匝线圈中产生的感应电动势的大小，与穿过线圈的磁通变化率 $\Delta\Phi/\Delta t$ 成正比，即

$$E = \frac{\Delta\Phi}{\Delta t}$$

对于 N 匝线圈，有

$$E = N\frac{\Delta\Phi}{\Delta t} = \frac{N\Phi_2 - N\Phi_1}{\Delta t}$$

式中，$N\Phi$ 表示磁通与线圈匝数的乘积，称为磁链，用 Ψ 表示。即

$$\Psi = N\Phi$$

于是对于 N 匝线圈，感应电动势为

$$E = \frac{\Delta \varPsi}{\Delta t}$$

3. 涡流和磁屏蔽

(1)涡流

把块状金属放在交变磁场中,金属块内将产生感应电流。这种电流在金属块内自成回路,就像流水形成的旋涡一样,因此叫涡电流,简称涡流。

由于整块金属电阻很小,所以涡流很大,不可避免地使铁心发热,温度升高,引起材料绝缘性能下降,甚至破坏绝缘材料造成事故。铁心发热还使一部分电能转换为热能白白浪费,这种电能损失叫作涡流损失。

在电机、电器的铁芯中,完全消除涡流是不可能的,但可以采取有效措施尽可能地减小涡流。为减小涡流损失,电机和变压器的铁芯通常不用整块金属,而用涂有绝缘漆的薄硅钢片叠压制成。这样涡流被限制在狭窄的薄片内,回路电阻很大,涡流大为减小,从而使涡流损失大大降低。

铁芯采用硅钢片,是因为这种钢比普通钢电阻率大,可以进一步减少涡流损失,硅钢片的涡流损失只有普通钢片的1/5 ~ 1/4。

涡流的应用:在一些特殊场合,涡流也可以被利用,如可用于有色金属和特种合金的冶炼。利用涡流加热的电炉叫高频感应炉,它的主要结构是一个与大功率高频交流电源相接的线圈,被加热的金属就放在线圈中间的坩埚内,当线圈中通以强大的高频电流时,它的交变磁场在坩埚内的金属中产生强大的涡流,发出大量的热,使金属熔化。

(2)磁屏蔽

定义:在电子技术中,仪器中的变压器或其他线圈所产生的漏磁通,可能会影响某些器件的正常工作,出现干扰和自激,因此必须将这些器件屏蔽起来,使其免受外界磁场的影响,这种措施叫磁屏蔽。

方法:

①利用软磁材料制成屏蔽罩,将需要屏蔽的器件放在罩内。通常用铜或铝等导电性能良好的金属制成屏蔽罩。

②将相邻的两个线圈互相垂直放置。

【例5.1.2】设匀强磁场的磁感应强度 B 为0.1T,一线框切割磁感线的部分导线 ab 长度为40 cm,若受到磁场力的方向向左,要使线框向右运动的速度 v 为5 m/s,整个线框的电阻 R 为0.5 Ω,求:

(1)感应电动势的大小;

(2)感应电流的大小和方向;

(3)使导线向右匀速运动所需的外力;

(4)外力做功的功率;

(5)感应电流的功率。

解:

(1)线圈中的感应电动势为 $E = Blv = 0.1 \times 0.4 = 0.2(\mathrm{V})$

（2）线圈中的感应电流为 $I = \dfrac{E}{R} = \dfrac{0.2}{0.5} = 0.4(\text{A})$

由右手定则可判断出感应电流方向为 $abcd$。

（3）由于 ab 中产生了感应电流，电流在磁场中将受到安培力的作用。用左手定则可判断出 ab 所受安培力方向向左，与速度方向相反，因此若要保证 ab 以速度 v 匀速向右运动，必须施加一个与安培力大小相等，方向相反的外力。所以，外力大小为

$$F = BIl = 0.1 \times 0.4 \times 0.4 = 0.016(\text{N})$$

外力方向向右。

（4）外力做功的功率为

$$P = Fv = 0.016 \times 5 = 0.08(\text{W})$$

（5）感应电流的功率为

$$P' = EI = 0.2 \times 0.4 = 0.08(\text{W})$$

可以看到，$P = P'$，这正是能量守恒定律所要求的。

【例 5.1.3】在一个 $B = 0.01\ \text{T}$ 的匀强磁场里，放一个面积为 $0.001\ \text{m}^2$ 的线圈，线圈匝数为 500 匝。在 $0.1\ \text{s}$ 内，把线圈平面从与磁感线平行的位置转过 90°，变成与磁感线垂直，求这个过程中感应电动势的平均值。

解：

在 $0.1\ \text{s}$ 时间内，穿过线圈平面的磁通变化量为

$$\Delta \Phi = \Phi_2 - \Phi_1 = BS - 0 = 0.01 \times 0.001 = 1 \times 10^{-5}(\text{Wb})$$

感应电动势为

$$E = N \frac{\Delta \Phi}{\Delta t} = 500 \times \frac{1 \times 10^{-5}}{0.1} = 0.05(\text{V})$$

三、互感电路

1. 自感现象

当线圈中的电流变化时，线圈本身就产生了感应电动势，这个电动势总是阻碍线圈中电流的变化。这种由于线圈本身电流发生变化而产生电磁感应的现象叫自感现象，简称自感。在自感现象中产生的感应电动势，叫自感电动势。

自感系数：考虑自感电动势与线圈中电流变化的定量关系。当电流流过回路时，回路中产生磁通，叫自感磁通，用 Φ_L 表示。当线圈匝数为 N 时，线圈的自感磁链为

$$\Psi_L = N\Phi_L$$

同一电流流过不同的线圈，产生的磁链不同，为表示各个线圈产生自感磁链的能力，将线圈的自感磁链与电流的比值称为线圈的自感系数，简称电感，用 L 表示

$$L = \frac{\Psi_L}{I}$$

即 L 是一个线圈通过单位电流时所产生的磁链。电感的单位是亨利（H）以及毫亨（mH）、微亨（μH），它们之间的关系为

$$1\text{H} = 10^3 \text{mH} = 10^6 \mu\text{H}$$

说明：

（1）线圈的电感是由线圈本身的特性所决定的，它与线圈的尺寸、匝数和媒介质的磁导率有关，而与线圈中有无电流及电流的大小无关。

（2）由于磁导率 μ 不是常数，随电流而变，因此有铁芯的线圈其电感也不是一个定值，这种电感称为非线性电感。

由电磁感应定律，可得自感电动势 $E_L = \dfrac{\Delta \Psi}{\Delta t}$，将 $\Psi_L = LI$ 代入，则

$$E_L = \frac{\Psi_{L2} - \Psi_{L1}}{\Delta t} = \frac{LI_2 - LI_1}{\Delta t} = L\frac{\Delta I}{\Delta t}$$

自感电动势的大小与线圈中电流的变化率成正比。当线圈中的电流在 1 s 内变化 1 A 时，引起的自感电动势是 1 V，则这个线圈的自感系数就是 1 H。

自感现象在各种电器设备和无线电技术中有着广泛的应用。日光灯的镇流器就是利用线圈自感的一个例子。如图 5.1.11 所示是日光灯的电路图。

日光灯主要由灯管、镇流器和启动器组成。镇流器是一个带铁心的线圈，启动器的结构如图 5.1.12 所示。

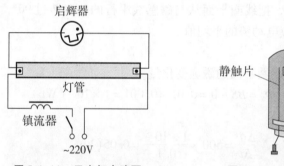

图 5.1.11　日光灯电路图　　　图 5.1.12　启动器结构图

启动器是一个充有氖气的小玻璃泡，里面装有两个电极，一个固定不动的静触片和一个用双金属片制成的 U 形触片。

灯管内充有稀薄的水银蒸汽，当水银蒸汽导电时，就发出紫外线，使涂在管壁上的荧光粉发出柔和的光。由于激发水银蒸汽导电所需的电压比 220 V 的电源电压高得多，因此日光灯在开始点亮之前需要一个高出电源电压很多的瞬时电压。在日光灯正常发光时，灯管的电阻很小，只允许通过不大的电流，这时又要使加在灯管上的电压大大低于电源电压。这两方面的要求都是通过跟灯管串联的镇流器来达到的。

当开关闭合后，电源把电压加在起动器的两极之间，使氖气放电而发出辉光，辉光产生的热量使 U 形片膨胀伸长，跟静触片接触而使电路接通，于是镇流器的线圈和灯管的灯丝中就有电流通过。电流接通后，启动器中的氖气停止放电，U 形触片冷却收缩，两个触片分离，电路自动断开。在电路突然断开的瞬间，镇流器的两端产生一个瞬时高压，这个瞬时高压和电源电压都加在灯管两端，使灯管中的水银蒸汽开始导电，于是日光灯管成为电流的通路开始发光。在日光灯正常发光时，与灯管串联的镇流器就起着降压限流的作用，保证日光灯的正常工作。

自感的危害：自感现象也有不利的一面。在自感系数很大而电流又很强的电路中，

在切断电源的瞬间，由于电流在很短的时间内发生了很大变化，会产生很高的自感电动势，在断开处形成电弧，这不仅会烧坏开关，甚至会危及工作人员的安全。因此，切断这类电源必须采用特制的安全开关。

磁场能量：电感线圈也是一个储能元件。经过高等数学公式的推导，线圈中储存的磁场能量为

$$W_L = \frac{1}{2}LI^2$$

当线圈中通有电流时，线圈中就要储存磁场能量，通过线圈的电流越大，储存的能量就越多；在通有相同电流的线圈中，电感越大的线圈，储存的能量越多，因此线圈的电感也反映了它储存磁场能量的能力。

与电场能量相比，磁场能量和电场能量有许多相同的特点：

（1）磁场能量和电场能量在电路中的转化都是可逆的。例如，随着电流的增大，线圈的磁场增强，储入的磁场能量增多；随着电流的减小，磁场减弱，磁场能量通过电磁感应的作用，又转化为电能。因此，线圈和电容器一样都是储能元件，而不是电阻类的耗能元件。

（2）磁场能量的计算公式，在形式上与电场能量的计算公式相同。

2. 互感现象

（1）定义：由于一个线圈的电流变化，导致另一个线圈产生感应电动势的现象，称为互感现象。在互感现象中产生的感应电动势，叫互感电动势。

（2）互感系数：

如图 5.1.13 所示，N_1、N_2 分别为两个线圈的匝数。当线圈 I 中有电流通过时，产生的自感磁通为 Φ_1，自感磁链为 $\Psi_{11} = N_1\Phi_{11}$。Φ_{11} 的一部分穿过了线圈 II，这一部分磁通称为互感磁通 Φ_{21}。同样，当线圈 II 通有电流时，它产生的自感磁通 Φ_{22} 有一部分穿过了线圈 I，为互感磁通 Φ_{12}。

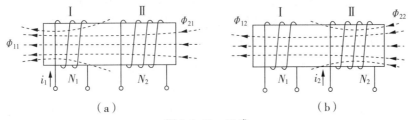

图 5.1.13　互感

设磁通 Φ_{21} 穿过线圈 II 的所有各匝，则线圈 II 的互感磁链

$$\Psi_{21} = N_2\Phi_{21}$$

由于 Ψ_{21} 是线圈 I 中电流 i_1 产生的，因此 Ψ_{21} 是 i_1 的函数，即

$$\Psi_{21} = M_{21}i_1$$

M_{21} 称为线圈 I 对线圈 II 的互感系数，简称互感。

同理，互感磁链 $\Psi_{12} = N_1\Phi_{12}$ 是由线圈 II 中的电流 i_2 产生，因此它是 i_2 的函数，即

$$\Psi_{12} = M_{12}i_2$$

可以证明，当只有两个线圈时，有

$$M = M_{21} = \frac{\Psi_{21}}{i_1} = \frac{\Psi_{12}}{i_2} = M_{12}$$

在国际单位制中，互感 M 的单位为亨利（H）。

互感 M 取决于两个耦合线圈的几何尺寸、匝数、相对位置和媒介质。当媒介质是非铁磁性物质时，M 为常数。

（3）耦合系数：研究两个线圈的互感系数和自感系数之间的关系。设 K_1、K_2 为各线圈产生的互感磁通与自感磁通的比值，即 K_1、K_2 表示每一个线圈所产生的磁通有多少与相邻线圈相交链。

$$K_1 = \frac{\Phi_{21}}{\Phi_{11}} = \frac{\Psi_{21}/N_2}{\Phi_{11}/N_1} = \frac{\Psi_{21}N_1}{\Psi_{11}N_2}$$

由于 $\Psi_{21} = Mi_1$，$\Psi_{11} = Li_1$ 所以

$$K_1 = \frac{\Psi_{21}N_1}{\Psi_{11}N_2} = \frac{Mi_1N_1}{L_1i_1N_2} = \frac{MN_1}{L_1N_2}$$

同理得

$$K_2 = \frac{\Phi_{12}}{\Phi_{22}} = \frac{MN_2}{L_2N_1}$$

K_1 与 K_2 的几何平均值叫作线圈的交链系数或耦合系数，用 K 表示，即

$$K = \sqrt{K_1K_2} = \sqrt{\frac{MN_1}{L_1N_2} \times \frac{MN_2}{L_2N_1}} = \frac{M}{\sqrt{L_1L_2}}$$

耦合系数用来说明两线圈间的耦合程度，因为 $K_1 = \dfrac{\Phi_{21}}{\Phi_{11}} \leqslant 1$，$K_2 = \dfrac{\Phi_{12}}{\Phi_{22}} \leqslant 1$，所以 K 的值在 0 与 1 之间。

当 $K = 0$ 时，说明线圈产生的磁通互不交链，因此不存在互感；

当 $K = 1$ 时，说明两个线圈耦合得最紧，一个线圈产生的磁通全部与另一个线圈相交链，其中没有漏磁通，因此产生的互感最大，这种情况又称为全耦合。

互感系数决定于两线圈的自感系数和耦合系数

$$M = K\sqrt{L_1L_2}$$

（4）互感电动势：设两个靠得很近的线圈，当第一个线圈的电流 i_1 发生变化时，将在第二个线圈中产生互感电动势 E_{M2}，根据电磁感应定律，可得

$$E_{M2} = \frac{\Delta\Psi_{21}}{\Delta t}$$

设两线圈的互感系数 M 为常数，将 $\Psi_{21} = Mi_1$ 代入上式，得

$$E_{M2} = \frac{\Delta(Mi_1)}{\Delta t} = M\frac{\Delta i_1}{\Delta t}$$

同理，当第二个线圈中电流 i_2 发生变化时，在第一个线圈中产生互感电动势 E_{M1} 为

$$E_{M1} = M\frac{\Delta i_2}{\Delta t}$$

上式说明，线圈中的互感电动势，与互感系数和另一线圈中电流的变化率的乘积成正比。

互感电动势的方向，可用楞次定律来判断。

互感现象在电工和电子技术中应用非常广泛，如电源变压器，电流互感器、电压互感器和中周变压器等都是根据互感原理工作的。

3. 互感线圈的同名端

（1）定义

在电子电路中，对两个或两个以上的有电磁耦合的线圈，通常需要知道互感电动势的极性。如图 5.1.14 所示，图中两个线圈 L_1、L_2 绕在同一个圆柱形铁棒上，L_1 中通有电流 i。

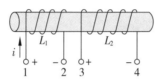

图 5.1.14　互感线圈的极性

①当 i 增大时，它所产生的磁通 Φ_1 增加，L_1 中产生自感电动势，L_2 中产生互感电动势，这两个电动势都是由于磁通 Φ_1 的变化引起的。根据楞次定律可知，它们的感应电流都要产生与磁通 Φ_1 相反的磁通，以阻碍原磁通 Φ_1 的增加，由安培定则可确定 L_1、L_2 中感应电动势的方向，即电源的正、负极，标注在图上，可知端点 1 与 3、2 与 4 极性相同。

②当 i 减小时，L_1、L_2 中的感应电动势方向都反，但端点 1 与端点 3、端点 2 与端点 4 极性仍然相同。

③无论电流从哪端流入线圈，端点 1 与端点 3、端点 2 与端点 4 的极性都保持相同。

这种在同一变化磁通的作用下，感应电动势极性相同的端点叫同名端，感应电动势极性相反的端点叫异名端。

（2）同名端的表示法

在电路中，一般用"•"表示同名端，如图 5.1.15 所示。在标出同名端后，每个线圈的具体绕法和它们之间的相对位置就不需要在图上表示出来了。

（3）同名端的判定

①若已知线圈的绕法，可用楞次定律直接判定。

②若不知道线圈的具体绕法，可用实验法来判定。

图 5.1.16 是判定同名端的实验电路。当开关 S 闭合时，电流从线圈的端点 1 流入，且电流随时间在增大。若此时电流表的指针向正刻度方向偏转，则说明端点 1 与端点 3 是同名端，否则端点 1 与端点 3 是异名端。

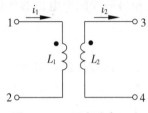

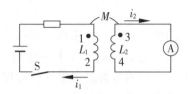

图 5.1.15　同名端表示法　　　　　图 5.1.16　判定同名端实验电路

4. 互感线圈的连接

（1）互感线圈的串联

把两个互感线圈串联起来有两种不同的接法。异名端相接称为顺串，同名端相接称为反串。

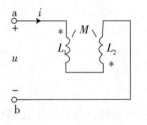
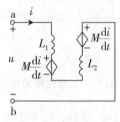
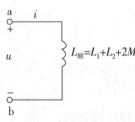

（a）顺串　　　　（b）用受控源表示互感电压时的　　　（c）顺串等效电路
　　　　　　　　　　耦合电感模型

图 5.1.17　互感线圈的顺串

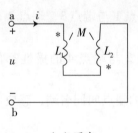
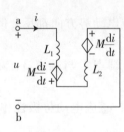
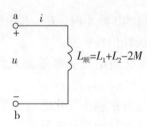

（a）反串　　　　（b）用受控源表示互感电压时的　　　（c）反串等效电路
　　　　　　　　　　耦合电感模型

图 5.1.18　互感线圈的反串

①顺串。

顺串的两个互感线圈如图 5.1.17 所示，电流由端点 1 经端点 2、3 流向端点 4。

顺串时两个互感线圈上将产生四个感应电动势，两个自感电动势和两个互感电动势。由于两个电感线圈顺串，这四个感应电动势的正方向相同，因而总的感应电动势为

$$E = E_{L1} + E_{M1} + E_{L2} + E_{M2} = L_1 \frac{\Delta i}{\Delta t} + L_2 \frac{\Delta i}{\Delta t} + 2M \frac{\Delta i}{\Delta t}$$

$$= (L_1 + L_2 + 2M) \frac{\Delta i}{\Delta t} = L_{顺} \frac{\Delta i}{\Delta t}$$

上式中

$$L_顺 = L_1 + L_2 + 2M$$

是两个互感线圈的总电感。因此，顺串时两个互感线圈相当于一个具有等效电感为 $L_顺 = L_1 + L_2 + 2M$ 的电感线圈。

②反串。

反串的两个互感线圈如图 5.1.18 所示。与顺串的情形类似，两个互感线圈反串时，相当于一个具有等效电感为 $L_反 = L_1 + L_2 - 2M$ 的电感线圈。

通过实验分别测得 L 顺和 L 反，就可计算出互感系数 M。

$$M = \frac{L_顺 - L_反}{4}$$

在电子电路中，常常需要使用具有中心抽头的线圈，并且要求从中点分成两部分的线圈完全相同。为了满足这个要求，在实际绕制线圈时，可以用两根相同的漆包线平行地绕在同一个芯子上，然后，把两个线圈的异名端接在一起作为中心抽头。

如果两个完全相同的线圈的同名端接在一起，则两个线圈所产生的磁通在任何时候都是大小相等而方向相反的，因此相互抵消，这样接成的线圈就不会有磁通穿过，因而也就没有电感，它在电路中只起电阻的作用。所以，为获得无感电阻，可以在绕制电阻时，将电阻线对折，双线并绕。

（2）耦合电感的并联

耦合电感的并联也分为两种形式：

同侧并联：同名端在同侧，如图 5.1.19 所示；异侧并联：同名端在异侧，如图 5.1.20 所示。

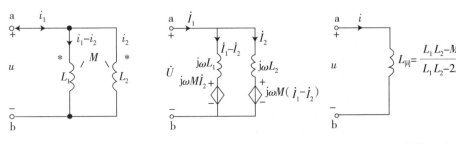

（a）同侧并联　（b）用受控源表示互感电压时的　　（c）同侧并联等效电感
　　　　　　　　　耦合电感相量模型

图 5.1.19　互感线圈的同侧并联

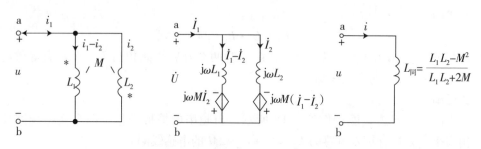

（a）异侧并联　　　（b）用受控源表示互感电压时的　　　（c）互感线圈的异侧并联
　　　　　　　　　　　　耦合电感相量模型

图 5.1.20　互感线圈的异侧并联

【任务实施】

实训 5.1.1　互感电路的研究

一、实训目的

（1）判别两个线圈的同名端。

（2）学会互感系数以及耦合系数的测定方法。

二、原理说明

1. 判断互感线圈同名端的方法

（1）直流法

略。

（2）交流法

如图 5.1.21 所示，将两个绕组 N_1 和 N_2 的任意两端（如 2、4 端）联在一起，在其中的一个绕组（如 N_1）两端加一个低电压，另一绕组（如 N_2）开路，用交流电压表分别测出端电压 U_{13}、U_{12} 和 U_{34}。若 U_{13} 是两个绕组端电压之差，则 1、3 是同名端；若 U_{13} 是两绕组端电压之和，则 1、4 是同名端。

2. 两线圈互感系数 M 的测定

在图 5.1.21 的 N_1 侧施加低压交流电压 U_1，测出 I_1 及 U_2。根据互感电势 $E_{2M} \approx U_2 = \omega M I_1$，可算得互感系数为 $M = U_2 / \omega I_1$

3. 耦合系数 k 的测定

两个互感线圈耦合松紧的程度可用耦合系数 k 来表示 $k = M / \sqrt{L_1 L_2}$

如图 5.1.21 所示，先在 N_1 侧加低压交流电压 U_1，测出 N_2 侧开路时的电流 I_1；然后再在 N_2 侧加电压 U_2，测出 N_1 侧开路时的电流 I_2，求出各自的自感 L_1 和 L_2，即可算得 k 值。

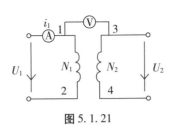

图 5.1.21

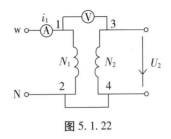

图 5.1.22

三、实训设备

序号	名称	型号与规格	数量	备注
1	数字直流电压表	0 ~ 200 V	1	
2	数字直流电流表	0 ~ 2000 mA	1	
3	交流电压表	0 ~ 500 V	1	
4	交流电流表	0 ~ 5 A	1	
5	变压器		1	T01
6	自耦调压器		1	
7	直流稳压电源	0 ~ 30 V	1	

四、实训内容

按照图 5.1.22 连接实训电路。

(1)用交流法测定互感线圈的同名端。

接通电源前，应首先检查自耦调压器是否调至零位，确认后方可接通交流电源，令自耦调压器输出一个很低的电压(≤24 V)，使流过电流表的电流小于 0.5 A，然后用交流电压表测量 U_{13}，U_{12}，U_{34}，判定同名端。拆去 2、4 联线，并将 2、3 相接，重复上述步骤，判定同名端。

(2)拆除 2、3 连线，测 U_1，I_1，U_2，计算出 M。

(3)将低压交流(≤12 V)加在 N_2 侧，使流过 N_2 侧电流小于 0.5 A，N_1 侧开路，按步骤(2)测出 U_2、I_2、U_1。

(4)用万用表的 $R \times 1$ 挡分别测出 N_1 和 N_2 线圈的电阻值 R_1 和 R_2，计算 k 值。

五、实训注意事项

作交流试验前，首先要检查自耦调压器，保证手柄置在零位。因实训时加在 N_1 上的电压较小，因此调节时要特别仔细、小心，要随时观察电流表的读数，不得超过规定值。调压时边观察电表边调压，不得超过电表规定的数值。

六、预习思考题

(1)如何用直流法判断两线圈的同名端？简单设计出实训原理图。

(2)判断同名端有何作用？

七、实训报告

(1)自拟测试数据表格,完成计算任务。

(2)心得体会及其他。

实训 5.1.2　铁磁材料磁滞回线的测定

一、实训目的

(1)认识铁磁物质的磁化规律和动态磁化特性。

(2)测定样品的基本磁化曲线,作出 $\mu - H$ 曲线。

二、实训原理

铁磁物质是一种性能特异、用途广泛的材料。铁、钴、镍及其众多合金以及含铁的氧化物(铁氧体)均属铁磁物质。其特征是在外磁场作用下能被强烈磁化,故磁导率 μ 很高。另一特征是磁滞,即磁化场作用停止后,铁磁物质仍保留磁化状态。图5.1.23 所示为铁磁物质的磁感应强度 B 与磁化场强度 H 之间的关系曲线。

图 5.1.23 中的原点 O 表示磁化之前铁磁物质处于磁中性状态,即 $B = H = O$,当磁场 H 从零开始增加时,磁感应强度 B 随之缓慢上升,如线段 oa 所示。继之 B 随 H 迅速增长,如线段 ab 所示。其后 B 的增长又趋缓慢。并当 H 增至 H_s 时,B 到达饱和值 B_s。曲线 $oabs$ 称为起始磁化曲线。图 5.1.23 表明,当磁场从 H_s 逐渐减小至零,磁感应强度 B 并不沿起始磁化曲线恢复到“O”点,而是沿另一条曲线 SR 下降。比较线段 OS 和 SR 可知,H 减小时 B 也相应减小,但 B 的变化滞后于 H,这现象称为磁滞。磁滞的明显特征是当 $H = O$ 时,B 不为零,而保留剩磁 B_r。

当磁场反向从 O 逐渐变至 $-H_D$ 时,磁感应强度 B 消失,说明要消除剩磁,必须施加反向磁场。H_D 称为矫顽力,它的大小反映铁磁材料保持剩磁状态的能力,线段 RD 称为退磁曲线。

图 5.1.23 还表明,当磁场按 $H_s \rightarrow O \rightarrow -H_D \rightarrow -H_s \rightarrow O \rightarrow H_{D'} \rightarrow H_s$ 次序变化,相应的磁感应强度 B 则沿闭合曲线 $SRDS'R'D'S$ 变化,这闭合曲线称为磁滞回线。所以,当铁磁材料处于交变磁场中时(如变压器中的铁芯),将沿磁滞回线反复被磁化→去磁→反向磁化→反向去磁。在此过程中要消耗额外的能量,并以热量的形式从铁磁材料中释放,这种损耗称为磁滞损耗,可以证明,磁滞损耗与磁滞回线所围面积成正比。

应该说明,当初始态为 $H = B = O$ 的铁磁材料,在交变磁场强度由弱到强依次进行磁化,可以得到面积由小到大向外扩张的一簇磁滞回线,如图 5.1.24 所示。这些磁滞回线顶点的连线称为铁磁材料的基本磁化曲线。由此曲线可近似确定其磁导率 $\mu = B/H$。因 B 与 H 的关系为非线性,故铁磁材料的 μ 不是常数,而是随 H 而变化(图 5.1.25)。铁磁材料的相对磁导率可高达数千乃至数万,这一特点是它用途广泛的主要原因之一。

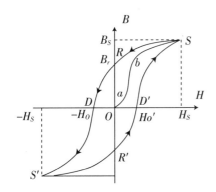

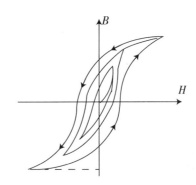

图 5.1.23　铁磁质起始磁化曲线和磁滞回线　　　图 5.1.24　同一铁磁材料的一簇磁滞回线

　　磁化曲线和磁滞回线是对铁磁材料进行分类和选用的主要依据。图 5.1.26 所为常见的两种典型的磁滞回线。其中软磁材料的磁滞回线狭长，矫顽力、剩磁和磁滞损耗均较小，是制造变压器、电机、和交流磁铁的主要材料。而硬磁材料的磁滞回线较宽，矫顽力大、剩磁强，可用来制造永磁体。

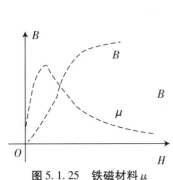

图 5.1.25　铁磁材料 μ

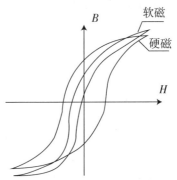

图 5.1.26　不同铁磁材料的磁滞回线

　　观察和测量磁滞回线和基本磁化曲线的线路如图 5.1.27 所示。

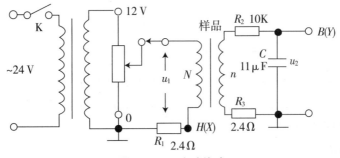

图 5.1.27　实验线路

　　被测样品为 EI 型矽钢片，N 为励磁绕组（N 两端所加电压必须 $\leqslant 3$ V），n 为测量磁感应强度 B 而设置的绕组。R_1 为励磁电流取样电阻。设通过 N 的交流励磁电流为 i，根据安培环路定律，样品的磁化场强度为 $H = IN/L$，L 为样品的平均磁路。

因为

$$i = \frac{U_1}{R_1}$$

$$H = \frac{N}{LR_1} \cdot U_1 = K_1 U_1 \left(K_1 = \frac{N}{LR_1} \right)$$

式中，N、L、R_1 均为已知常数，所以由 U_1 可确定 H。

在交变磁场下，样品的磁感应强度瞬时值 B 是由测量绕组 n 和 $R_2 C_2$ 电路给定的，根据法拉第电磁感应定律，由于样品中的磁通 φ 的变化，在测量线圈中产生的感生电动势的大小为：

$$e = n \frac{\mathrm{d}\varphi}{\mathrm{d}t}$$

$$\varphi = \frac{1}{n} \int e \mathrm{d}t$$

$$B = \frac{\varphi}{S} = \frac{1}{nS} \int e \mathrm{d}t$$

式中，S 为样品的截面积，如果忽略自感电动势和电路损耗，则回路方程为

$$e = i_2 R_2 + u_2$$

式中，i_2 为感生电流，u_2 为积分电容 C_2 两端电压。设在 Δt 时间内，i_2 向电容 C_2 的充电电量为 Q，则

$$U_2 = \frac{Q}{C_2}$$

$$e = i_2 R_2 + \frac{Q}{C_2}$$

如果选取足够大的 R_2 和 C_2，使 $i_2 R_2 \gg \dfrac{Q}{C_2}$，则 $e = i_2 R_2$

$$i_2 = \frac{\mathrm{d}q}{\mathrm{d}t} = C_2 \frac{\mathrm{d}u_2}{\mathrm{d}t}$$

$$e = C_2 R_2 \frac{\mathrm{d}u_2}{\mathrm{d}t}$$

$$B = \frac{C_2 R_2}{nS} U_2 = K_2 U_2 \left(K_2 = \frac{C_2 R_2}{nS} \right)$$

式中，C_2、R_2、n 和 S 均为已知常数。所以由 U_2 可确定 B。

综上所述，将图 5.1.27 中的 u_1 和 u_2 分别加到示波器的"X 输入"和"Y 输入"便可观察样品的 $B - H$ 曲线。

三、实训内容

（1）实验线路如图 5.1.27 所示，由 T_{01}、T_{04}、RP_6、R_{26}、C_{17} 连接而成。由于 $H = K_1 U_1$，$B = K_2 U_2$，故 U_1、U_2 的值即反映了 H、B 的大小。将"RP_6 电位器"旋钮逆时针旋到底。U_1 和 U_2 分别接示波器的的"X 输入"和"Y 输入"，X 输入"地"接 A 点，Y 输入"地"接 B 点。

（2）样品退磁：开启降压变压器电源，对试样进行退磁，即转动"RP_6 电位器"旋钮，令 U 从 0 增至 3 V，然后再从 3 V 降为 O，其目的是消除剩磁，确保样品处于磁中性状态，即 $B = H = 0$，如图 5.1.28 所示。

（3）观察磁滞回线：开启示波器电源，令光点位于坐标网格中心，令 $U = 2.2$ V，并分别调节示波器 x 和 y 轴的灵敏度，使显示屏上出现图形大小合适的磁滞回线。若图形顶部出现如图 5.1.29 所示的小环，这时可降低励磁电压 U 予以消除。

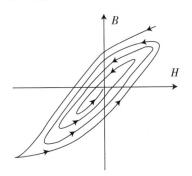

图 5.1.28　退磁示意图

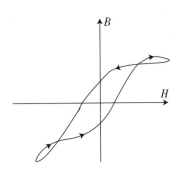

图 5.1.29　U_2 和 B 的相位差等因素引起的畸变

（4）观测基本磁化曲线。按步骤（2）对样品进行退磁后，从 $U = 0$ 开始，逐挡提高励磁电压，将在显示屏上得到面积由小到大一个套一个的一簇磁滞回线。这些磁滞回线顶点的连线就是样品的基本磁化曲线。借助示波器读出每一个磁滞回线两个顶点处的 U_1、U_2 值，记于下表中。

U/V	U_1/V		U_2/V		U_2/U_1	
	右上	左下	右上	左下	右上	左下
0.5						
1.0						
1.2						
1.5						
1.8						
2.0						
2.2						
2.5						
2.8						
3.0						

四、实训报告

（1）根据实验数据，描绘基本磁化曲线，纵坐标为 B（即 $K_2 U_2$），横坐标为 H（即 $K_1 U_1$）。

（2）描绘 $\mu - H$ 曲线，纵坐标为 $\mu = \dfrac{B}{H} = \dfrac{K_2 U_2}{K_1 U_1} = K_3 \dfrac{U_2}{U_1} \left(K_3 = \dfrac{K_2}{K_1} \right)$ ，横坐标 H（即 $K_1 U_1$）。

以上 $K_1 \sim K_3$ 均为确定的常数，可纳入坐标尺的比例中，从而可直接用 U_1、U_2、U_2/U_1 来作图，即可定性地表现出基本磁化曲线和 $\mu - H$ 曲线。

任务二　变压器特性测试

【任务描述】

学习变压器的基本构造，了解其变压、变流、变阻抗的原理。

【知识学习】

一、铁芯变压器

1. 变压器的基本构造

变压器主要由铁芯和线圈两部分构成，它的符号如图 5.2.1 所示，T 是它的文字符号。

铁芯是变压器的磁路通道，用磁导率较高且相互绝缘的硅钢片制成，以便减少涡流和磁滞损耗。按其构造形式可分为心式和壳式两种，如图 5.2.2(a)、(b) 所示。

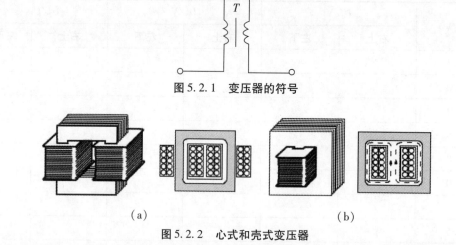

图 5.2.1　变压器的符号

（a）　　　　　　　　　　　　　　（b）

图 5.2.2　心式和壳式变压器

线圈是变压器的电路部分，用漆色线、沙包线或丝包线绕成。其中和电源相连的线圈叫原线圈（初级绕组），和负载相连的线圈叫副线圈（次级绕组）。

2. 变压器的用途

（1）变换交流电压：电力系统传输电能的升压变压器、降压变压器、配电变压器等电力变压器及各类电气设备电源变压器。

（2）变换交流电流：电流互感器及大电流发生器。

（3）变换阻抗：电子线路中的输入输出变压器。

（4）电气隔离：隔离变压器。

3. 变压器的种类

变压器是利用互感原理工作的电磁装置。

（1）按用途分：电力变压器、电源变压器、整流变压器（整流电路用）、电炉变压器（给电炉供电，二次侧电压较低，电能→热能）、电焊变压器（给电焊机供电）、矿用变压器（干式防爆）、仪用变压器（用在测量设备中）、船用变压器、电子变压器（用在电子线路中）、电流互感器、电压互感器等。

（2）按相数分：单相变压器、三相变压器。

（3）按频率分：高频变压器（开关电源）、中频变压器（中频加热、淬火）、工频变压器。

（4）按冷却介质分：油浸变压器、干式变压器（空气自冷）、水冷变压器。

（5）按铁芯形式分：心式变压器、壳式变压器。

（6）按绕组数分：双绕组变压器、自耦变压器、三绕组变压器、多绕组变压器。

4. 变压器的工作原理

变压器是按电磁感应原理工作的，原线圈接在交流电源上，在铁芯中产生交变磁通，从而在原、副线圈产生感应电动势，如图 5.2.3 所示。

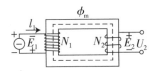

图 5.2.3　变压器空载运行原理图

（1）变换交流电压

原线圈接上交流电压，铁芯中产生的交变磁通同时通过原、副线圈，原、副线圈中交变的磁通可视为相同。设原线圈匝数为 N_1，副线圈匝数为 N_2，磁通为 Φ，感应电动势为

$$E_1 = \frac{N_1 \Delta \Phi}{\Delta t}, \ E_2 = \frac{N_2 \Delta \Phi}{\Delta t}$$

由此得

$$\frac{E_1}{E_2} = \frac{N_1}{N_2}$$

忽略线圈内阻得

$$\frac{U_1}{U_2} = \frac{N_1}{N_2} = K$$

上式中，K 称为变压比。由此可见，变压器原副线圈的端电压之比等于匝数比。

如果 $N_1 < N_2$，$K < 1$，电压上升，称为升压变压器。如果 $N_1 > N_2$，$K > 1$，电压下降，称为降压变压器。

（2）变换交流电流

根据能量守恒定律，变压器输出功率与从电网中获得的功率相等，即 $P_1 = P_2$，由交流电功率的公式可得

$$U_1 I_1 \cos\varphi_1 = U_2 I_2 \cos\varphi_2$$

式中，$\cos\varphi_1$ 为原线圈电路的功率因数；$\cos\varphi_2$ 为副线圈电路的功率因数。φ_1，φ_2 相差很小，可认为相等，因此得到

$$U_1 I_1 = U_2 I_2$$

$$U_1 I_1 = U_2 I_2$$

$$\frac{I_1}{I_2} = \frac{N_2}{N_1} = \frac{1}{K}$$

可见，变压器工作时，原、副线圈的电流跟线圈的匝数成反比。高压线圈通过的电流小，用较细的导线绕制；低压线圈通过的电流大，用较粗的导线绕制。这是在外观上区别变压器高、低压饶组的方法。

（3）变换交流阻抗

设变压器初级输入阻抗为 $|Z_1|$，次级负载阻抗为 $|Z_2|$，则

$$|Z_1| = \frac{U_1}{I_1}$$

将 $U_1 = \frac{N_1}{N_2} U_2$，$I_1 = \frac{N_2}{N_1} I_2$ 代入，得

$$|Z_1| = \left(\frac{N_1}{N_2}\right)^2 \frac{U_2}{I_2}$$

因为

$$\frac{U_2}{I_2} = |Z_2|$$

所以

$$|Z_1| = \left(\frac{N_1}{N_2}\right)^2，\quad |Z_2| = K^2 |Z_2|$$

可见，次级接上负载 $|Z_2|$ 时，相当于电源接上阻抗为 $K^2 |Z_2|$ 的负载。变压器的这种阻抗变换特性，在电子线路中常用来实现阻抗匹配和信号源内阻相等，使负载上获得最大功率。

【例 5.2.1】有一电压比为 220/110 V 的降压变压器，如果次级接上 55 Ω 的电阻，求变压器初级的输入阻抗。

解 1：

次级电流

$$I_2 = \frac{U_2}{|Z_2|} = \frac{110}{55} = 2\,(\text{A})$$

初级电流

$$K = \frac{N_1}{N_2} \approx \frac{U_1}{U_2} = \frac{220}{110} = 2\,(\text{A})$$

$$I_1 = \frac{I_2}{K} = \frac{2}{2} = 1 \, (\mathrm{A})$$

输入阻抗

$$|Z_1| = \frac{U_1}{I_1} = \frac{220}{1} = 220 \, (\Omega)$$

解 2：

变压比

$$K = \frac{N_1}{N_2} \approx \frac{U_1}{U_2} = \frac{220}{110} = 2$$

输入阻抗

$$|Z_1| \approx \left(\frac{N_1}{N_2}\right)^2 |Z_2| = K^2 |Z_2| = 4 \times 55 = 220 \, (\Omega)$$

【例 5.2.2】有一信号源的电动势为 1 V，内阻为 600 Ω，负载电阻为 150 Ω。欲使负载获得最大功率，必须在信号源和负载之间接一匹配变压器，使变压器的输入电阻等于信号源的内阻，如图 5.2.4 所示。问：变压器变压比，初、次级电流各为多少？

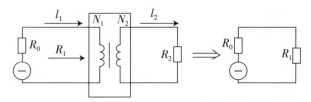

图 5.2.4　例 5.2.2 图

解：

负载电阻 $R_2 = 150 \, \Omega$，变压器的输入电阻 $R_1 = R_0 = 600 \, \Omega$，则变比应为

$$K = \frac{N_1}{N_2} \approx \sqrt{\frac{R_1}{R_2}} = \sqrt{\frac{600}{150}} = 2$$

初、次级电流分别为

$$I_1 = \frac{E}{R_0 + R_1} = \frac{1}{600 + 600} \approx 0.83 \times 10^{-3} A = 0.83 \, \mathrm{mA}$$

$$I_2 \approx \frac{N_1}{N_2} I_1 = 2 \times 0.83 = 1.66 \, \mathrm{mA}$$

5. 变压器的运行特性

(1) 变压器的外特性。

变压器外特性就是当变压器的初级电压 U_1 和负载的功率因数都一定时，次级电压 U_2 随次级电流 I_2 变化的关系，如图 5.2.5 所示。由变压器外特性曲线图可见：$I_2 = 0$ 时，$U_2 = U_{2N}$。

(2) 当负载为电阻性和电感性时，随着 I_2 的增大，U_2 逐渐下降。在相同的负载电流情况下，U_2 的下降程度与功率因数 $\cos\varphi$ 有关。

(3) 当负载为电容性负载时，随着功率因数 $\cos\varphi$ 的降低，曲线上升。所以，在供电系统中，常常在电感性负载两端并联一定容量的电容器，以提高负载的功率因数$\cos\varphi$。

（4）电压的变化率：电压变化率是指变压器空载时次级端电压U_{2N}和有载时次级端电压U_2之差与U_{2N}的百分比。即：

$$\Delta U = \frac{U_{2N} - U_2}{U_{2N}} \times 100\%$$

电压变化率越小，为负载供电的电压越稳定。

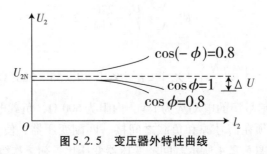

图5.2.5　变压器外特性曲线

6. 变压器的功率和效率

（1）变压器的功率损耗

变压器的功率损耗等于输入功率$P_1 = U_1 I_1 \cos\varphi_1$和输出功率$P_2 = U_2 I_2 \cos\varphi_2$之差，即

$$P_L = P_1 - P_2$$

变压器功率损耗包括铁损和铜损。

（2）变压器的效率

变压器的效率为变压器输出功率与输入功率的百分比，即

$$\eta = \frac{P_2}{P_1} \times 100\%$$

大容量变压的效率可达98%～99%，小型电源变压器效率为70%～80%。

【例5.2.3】有一变压器初级电压为2200 V，次级电压为220 V，在接纯电阻性负载时，测得次级电流为10 A，变压器的效率为95%。试求它的损耗功率，初级功率和初级电流。

解： 次级负载功率

$$P_2 = U_2 I_2 \cos\varphi_2 = 220 \times 10 = 2200(\text{W})$$

初级功率

$$P_1 = \frac{P_2}{\eta} = \frac{2200}{0.95} \approx 2316(\text{W})$$

损耗功率

$$P_L = P_1 - P_2 = 2316 - 2200 = 116(\text{W})$$

初级电流

$$I_1 = \frac{P_1}{U_1} = \frac{2316}{2200} \approx 1.05(\text{A})$$

【任务实施】

实训 5.2.1 单相铁芯变压器特性的测试

一、实训目的

(1)通过测量,计算变压器的各项参数。

(2)学会测绘变压器的空载特性与外特性。

二、原理说明

(1)图 5.2.6 为测试变压器参数的电路。由各仪表读得变压器原边(AX,低压侧)的 U_1、I_1、P_1 及副边(ax,高压侧)的 U_2、I_2,并用万用表 $R \times 1$ 挡测出原、副绕组的电阻 R_1 和 R_2,即可算得变压器的以下各项参数值:

①电压比 $K_u = \dfrac{U_1}{U_2}$,电流比 $K_I = \dfrac{I_2}{I_1}$;

②原边阻抗 $Z_1 = \dfrac{U_1}{I_1}$,副边阻抗 $Z_2 = \dfrac{U_2}{I_2}$;

③阻抗比 $= \dfrac{Z_1}{Z_2}$,负载功率 $P_2 = U_2 I_2 \cos \varphi_2$,损耗功率 $P_o = P_1 - P_2$;

④功率因数 $= \dfrac{P_1}{U_1 I_1}$,原边线圈铜耗 $P_{Cu1} = I_1^2 R_1$,副边铜耗 $P_{Cu2} = I_2^2 R_2$,铁耗 $P_{Fe} = P_o - (PC_{u1} + PC_{u2})$

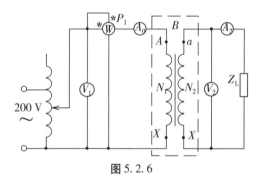

图 5.2.6

(2)铁芯变压器是一个非线性元件,铁心中的磁感应强度 B 决定于外加电压的有效值 U。当副边开路(即空载)时,原边的励磁电流 I_1 与磁场强度 H 成正比。在变压器中,副边空载时,原边电压与电流的关系称为变压器的空载特性,这与铁芯的磁化曲线($B - H$ 曲线)是一致的。

空载实验通常是将高压侧开路,由低压侧通电进行测量,又因空载时功率因数很低,故测量功率时应采用低功率因数瓦特表。此外因变压器空载时阻抗很大,故电压表应接在电流表外侧。

(3)变压器外特性测试。

以变压器 12 V 的绕组作为原边,24 V 的绕组作为副边,即当作一台升压变压器使用。

在保持原边电压 $U_1(12\ \mathrm{V})$ 不变时，逐次增加负载，测定 U_1、U_2、I_1 和 I_2，即可绘出变压器的外特性，即负载特性曲线 $U_2 = f(I_2)$。

注意：要随时观测值，保证 $I_1 < 0.5\ \mathrm{A}$

三、实验设备

序号	名称	型号与规格	数量	备注
1	交流电压表	$0 \sim 500\ \mathrm{V}$	1	
2	交流电流表	$0 \sim 5\ \mathrm{A}$	1	
3	单相功率表		1	自备
4	试验变压器		1	T_{01}
5	自耦调压器		1	
6	白炽灯（负载）		3	HL_5

四、实验内容

（1）用交流法判别变压器绕组的同名端。

（2）按图 5.2.6 连接线路。其中 A、X 为变压器的低压绕组，a、x 为变压器的高压绕组。即电源经屏内调压器接至低压绕组，高压绕组 24 V 接 Z_L 负载，经指导教师检查后方可进行实验。

（3）将调压器手柄置于输出电压为零的位置（逆时针旋到底），合上电源开关，并调节调压器，使其输出电压为 12 V。令负载开路并逐次增加负载，分别记下 5 个仪表的读数，记入自拟的数据表格，绘制变压器外特性曲线。实验完毕将调压器调回零位，断开电源。

（4）将高压侧（副边）开路，确认调压器处在零位后，合上电源，调节调压器输出电压，使 U_1 从零逐次上升到 1.2 倍的额定电压（$1.2 \times 12\ \mathrm{V}$），分别记下各次测得的 U_1，U_{20} 和 I_{10} 数据，记入自拟的数据表格，用 U_1 和 I_{10} 绘制变压器的空载特性曲线。

五、实验注意事项

（1）本实验是将变压器作为升压变压器使用，并用调节调压器提供原边电压 U_1，故使用调压器时应首先调至零位，然后才可合上电源。此外，必须用电压表监视调压器的输出电压，防止被测变压器输出过高电压而损坏实验设备，且要注意安全，以防高压触电。

（2）由负载实验转到空载实验时，要注意及时变更仪表量程。

（3）遇异常情况，应立即断开电源，待处理好故障后，再继续实验。

六、预习思考题

（1）为什么本实验将低压绕组作为原边进行通电实验？此时，在实验过程中应注意什么问题？

（2）为什么变压器的励磁参数一定是在空载实验加额定电压的情况下求出？

七、实验报告

（1）根据实验内容，自拟数据表格，绘出变压器的外特性和空载特性曲线。

（2）根据额定负载时测得的数据，计算变压器的各项参数。

（3）计算变压器的电压调整率$\triangle U\% = \dfrac{U_{20} - U_{2N}}{U_{20}} \times 100\%$。

（4）心得体会及其他。

【习题五】

5.1　图5.1所示的电路中有三个线圈，把中间线圈电路的变阻器R的滑动片向左移动使电流减弱，试确定滑动片未动之前和向左移动过程中线圈A和B中感应电流的方向。

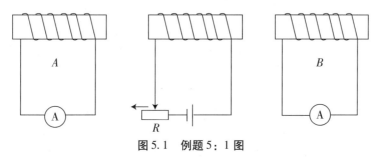

图5.1　例题5：1图

5.2　有一个1000匝的线圈，在0.4 s内穿过它的磁通从0.02 Wb增加到0.09 Wb，求线圈中的感应电动势。如果线圈的电阻是10 Ω，当它跟一个电阻为990 Ω的电阻器串联组成闭合电路时，通过电热器的电流是多大？

5.3　有一理想变压器，一次绕组匝数是1000匝，二次绕组匝数是200匝，将一次侧接在220 V的交流电路中，若二次侧负载阻抗是44 Ω，求：

（1）二次绕组的输出电压；（2）一次、二次绕组中的电流；（3）一次侧的输入阻抗。

5.4　耦合电感$L_1 = 6$ H，$L_2 = 4$ H，$M = 3$ H。求它们作串联、并联时的各等效电感。

5.5　如图5.2所示电路，已知$i_1 = 10\cos t$A，求$u_1(t)$和$u_2(t)$。

5.6　如图5.3所示电路中耦合系数$K = 0.9$，求电路的输入阻抗（设角频率$\omega = 2$rad/s）。

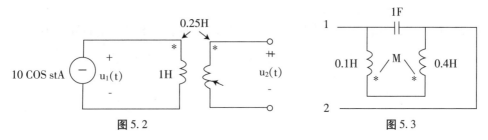

图5.2　　　　　　　　　　　　图5.3

参考文献

[1]邱关源电路．第5版[M]．北京：高等教育出版社，2011.

[2]秦曾煌．电工技术．电工学上册．第5版[M]．北京：高等教育出版社，2003

[3]燕庆明．电路分析教程．第2版[M]．北京：高等教育出版社，2007.

[4]李瀚荪．简明电路分析基础[M]．北京：高等教育出版社，2002.

[5]陈娟．电路分析基础[M]．北京：高等教育出版社，2010.

[6]刘志民．电路分析[M]．西安：西安电子科技大学出版社，2002.

[7]胡翔骏．电路基础简明教程[M]．北京：高等教育出版社，2004.

[8]胡翔骏，黄金玉．电路基础简明教程学习指导[M]．北京：高等教育出版社，2004.

[9]付玉明．电路分析基础．第2版[M]．北京：中国水利水电出版社，2004.

[10]王慧玲．电路基础．第2版[M]．北京：高等教育出版社，2007.

[11]王慧玲．电路基础学习指导与习题解析[M]．北京：高等教育出版社，2016.

[12]杨利军．电工技能训练[M]．北京：机械工业出版社，2002.

[13]陈生潭等．电路基础学习指导[M]．西安：西安电子科技大学出版社，2001.

[14]曾祥富．邓朝平．电工技能与实训[M]．北京：高等教育出版社，2002.

[15]刘涛．电工技能训练[M]．北京：电子工业出版社，2002.

[16]刘健等．电路分析[M]．北京：电子工业出版社，2005.

[17]张峰等．电路实验教程[M]．北京：高等教育出版社，2008.

[18]王慧玲．电路基础实验与综合训练．第2版[M]．北京：高等教育出版社，2008.

[19]林平勇．高嵩．电工电子技术．第4版[M]．北京：高等教育出版社，2016.1

[20]陆国和．电工实验与实训．第2版[M]．北京：高等教育出版社，2005.

[21]孙立坤．电工与电子技术[M]．北京：机械工业出版社，2010.

[22]李中发．电工电子技术基础[M]．北京：中国水利水电出版社，2003

[23]燕庆明，石晨曦．电路基础及应用[M]．北京：高等教育出版社，2012.